青少年心理品质丛书
主编：夏阳

选择生活中的乐趣

张俊红◎编著

新疆美术摄影出版社
新疆电子音像出版社

图书在版编目(CIP)数据

　　选择生活中的乐趣 / 张俊红编著. -- 乌鲁木齐:新疆美术摄影
出版社:新疆电子音像出版社, 2013.4
　　ISBN 978-7-5469-3892-9

　　Ⅰ.①选… Ⅱ.①张… Ⅲ.①人生哲学 – 青年读物②
人生哲学 – 少年读物 Ⅳ.①B821-49

　　中国版本图书馆 CIP 数据核字(2013)第 071381 号

选择生活中的乐趣　　主　编　夏　阳

编　　著	张俊红
责任编辑	吴晓霞
责任校对	李　瑞
制　　作	乌鲁木齐标杆集印务有限公司
出版发行	新疆美术摄影出版社
	新疆电子音像出版社
地　　址	乌鲁木齐市经济技术开发区科技园路7号
邮　　编	830011
印　　刷	北京新华印刷有限公司
开　　本	787 mm×1 092 mm　　1/16
印　　张	15.25
字　　数	210 千字
版　　次	2013 年 7 月第 1 版
印　　次	2013 年 7 月第 1 次印刷
书　　号	ISBN 978-7-5469-3892-9
定　　价	45.80 元

　　本社出版物均在淘宝网店:新疆旅游书店(http://xjdzyx.taobao.com)有售,欢迎广大读者通过网上书店购买。

第一章　热爱生活：快乐就在我们身边…………（1）

快乐就在距离我们很近的地方 …………………………（2）

快乐掌握在我们自己的手中 ……………………………（5）

快乐与生活相伴而生 ……………………………………（8）

快乐其实是一种感觉 ……………………………………（9）

快乐不快乐完全取决于自己 ……………………………（11）

看淡忧伤，树立健康快乐的形象………………………（13）

快乐是发自内心的欢喜…………………………………（15）

每颗心灵的深处都蕴藏着快乐…………………………（16）

快乐一生的精神法则……………………………………（17）

幸福快乐的秘密藏在每个人心中………………………（19）

快乐的人找结果，悲伤的人找如果……………………（20）

生活的最大乐趣是享受美丽的人生……………………（22）

第二章　追问生活：什么偷走了我的快乐…………（25）

什么偷走了我的快乐……………………………………（26）

平淡中品味快乐才是真幸福……………………………（28）

自卑心理扼杀了快乐的种子……………………………（29）

快乐简单易得，却又千金难求…………………………（31）

追名逐利，很难找到真正的快乐………………………（33）

自私自利是心灵的自我毁灭……………………………（34）

生气是拿别人的错误惩罚自己 ··················· (36)

嫉妒只能让你得到短暂的快感 ··················· (39)

乐观的人不轻易为小事生气 ····················· (41)

痛苦的旋律也能演奏出快乐的音符 ··············· (43)

第三章　充实生活：充实生命，创造快乐 ········· (45)

充实生命，创造快乐 ··························· (46)

珍惜生命，享受人生的幸福 ····················· (48)

珍惜生命，开心每一天 ························· (50)

拥有一种充实的生活态度 ······················· (52)

想要享受人生，必须善待生命 ··················· (53)

快乐和生命是最大的拥有 ······················· (55)

以一颗平常心来看待烦恼 ······················· (56)

在生活中找到开心的窍门 ······················· (57)

第四章　微笑生活：别跟快乐过不去 ··········· (61)

笑是生活的开心果，是无价之宝 ················· (62)

凡事往好处想，心情就会不一样 ················· (63)

凡事往好处想，黑暗中寻找光明 ················· (65)

凡事往好处想，乐观对待生活 ··················· (68)

生活再苦也要笑一笑 ··························· (70)

生气不如争气，成功化解烦恼 ··················· (72)

一味地抱怨生活，于事无补 ····················· (73)

认认真真做人，开开心心生活 ··················· (74)

以怨养怨，是将痛苦 N 次方 ··················· (75)

攀比是人类痛苦的根源 ························· (78)

第五章　感悟生活：有一种快乐叫放下 ········· (83)

放得下，想得开，做个快乐的自由人 ············· (84)

贪婪让人丧失生活的乐趣 ······················· (86)

知足常乐才是快乐之本 ……………………………………… (88)

知足常乐是最大的富有 ……………………………………… (90)

知足常乐就是保持心理平衡 ………………………………… (92)

荣华富贵如过眼烟云 ………………………………………… (94)

一味和别人攀比是件不聪明的事 …………………………… (95)

欲望降低了，快乐就会来 …………………………………… (98)

少一点欲望，多一点快乐 …………………………………… (101)

第六章　随意生活：淡忘是拥有快乐的捷径 ………… (103)

淡忘是拥有快乐的捷径 ……………………………………… (104)

学会遗忘，生活会更加美好 ………………………………… (107)

忘记过去，舍弃不属于你的东西 …………………………… (108)

放下包袱，才能快乐地前行 ………………………………… (111)

忘掉往事，过滤掉过去的烦恼 ……………………………… (114)

忘记"失去"，才能收获幸福和快乐 ……………………… (115)

学会忘记，用宽容滋养爱情 ………………………………… (118)

走出悲观，学会将痛苦"格式化" ………………………… (120)

保持快乐的好方法就是"忘记" …………………………… (123)

第七章　品味生活：生活就是苦中作乐 ……………… (127)

在哪里跌到就在哪里爬起 …………………………………… (128)

做生活的强者，不自怜自艾 ………………………………… (129)

遭遇困境，千万不要自暴自弃 ……………………………… (131)

专注与坚持是实现梦想最好的方法 ………………………… (133)

战胜挫折，快乐就在不远处等着你 ………………………… (135)

快乐的秘诀：装一点傻，多些糊涂 ………………………… (137)

痛苦是上帝也是魔鬼 ………………………………………… (140)

绝望中寻找生机，体会生命的可爱 ………………………… (143)

第八章　精彩生活：让快乐来敲门 …………………… (145)

解决别人的痛苦，感受助人的快乐 ………………………… (146)

目

录

帮助别人就是快乐自己 ·· (149)

助人为乐使你的生命更精彩 ·· (150)

与人为善是一生要修的功课 ·· (153)

怀有慷慨之心，做个慷慨的人 ······································ (155)

学会不在意，人生就会过得快乐 ·································· (157)

心宽一寸，人生将快乐三分 ·· (160)

懂得宽容，才能品味快乐 ·· (163)

宽容浇灌了干涸的心灵 ·· (165)

用宽容化解仇恨，快乐随心 ·· (167)

拾起宽容，才能抛弃傲慢 ·· (168)

工作并快乐着，快乐并幸福着 ······································ (170)

常怀慈悲心，一切皆美好 ·· (172)

第九章　善待生活：善待自己就是善待快乐 ············ (175)

善待自己就是善待快乐 ·· (176)

接受真实的自己，才能善待自己 ·································· (177)

善待自己，不跟自己过不去 ·· (179)

珍爱自己，获得永久的人生快乐 ·································· (180)

超越自己，做自己命运的主人 ······································ (182)

先认识自己，再去讨论生活 ·· (183)

了解自己，走向快乐和完美 ·· (185)

内心清净，才能装下更多快乐 ······································ (186)

你的乐园在后面，退一步能找到快乐 ··························· (188)

把真实的自己展现给他人 ·· (190)

让心灵布满阳光，迎接五彩生活 ·································· (192)

第十章　乐观生活：乐观让快乐围绕着你 ················ (197)

乐观让快乐围绕着你 ·· (198)

快乐的人常带着一份崭新的心情 ·································· (199)

学会心理自我调节和心理适应 ······································ (200)

让沮丧和悲观远离自己 ……………………………………（202）

情绪成就一切，也能毁灭一切 ……………………………（203）

驱散不良情绪的妙方 ………………………………………（205）

感情和理智都需要一位主宰 ………………………………（207）

如何拥有健康快乐的情绪 …………………………………（208）

调节情绪，常怀一颗欢喜心 ………………………………（210）

积极地经营自己的每一天 …………………………………（212）

用乐观的情绪支配自己的人生 ……………………………（213）

做情绪的主人，做快乐的主宰 ……………………………（215）

赶走悲观，快乐生活每一天 ………………………………（216）

第十一章　享受生活：选择生活中的乐趣 ……………（219）

放慢生活的脚步，放飞自己的心灵 ………………………（220）

拥有闲适与恬淡，就拥有快乐与舒曼 ……………………（221）

生活是被快乐包裹着的 ……………………………………（223）

学会休闲，活出潇洒人生 …………………………………（224）

亲近自然，找回生命的本真 ………………………………（226）

在优美动听的节奏中生活 …………………………………（228）

读书的乐趣是无穷的 ………………………………………（229）

莫让压力影响快乐生活 ……………………………………（231）

敞开心扉，生活自然会充满灿烂 …………………………（232）

目

录

5

第一章　热爱生活：快乐就在我们身边

　　快乐真的很简单，只要你静静地感受，快乐就在你身边，关键看你能不能发现，懂不懂得体会。

 ## 快乐就在距离我们很近的地方

很多时候，快乐就在距离我们很近的地方，甚至可以说是伸手可得，比如：给阳台上的花松松土、浇浇水，闻一闻它们的香味儿，很快乐；躺在沙发上晒着温暖的阳光，让自己的思绪随意飘荡，很快乐；到茶馆里品味一壶醇香的新茶，听着轻柔婉转的旋律，很快乐；煮一锅鲜香的排骨汤，耐心地等候家人回来一起品尝，很快乐。然而，倘若你只看到别人拥有的而看不到自己拥有的，那么你就会对环绕在自己身边的快乐视而不见，这样不仅整天会想着那些令人不愉快的事，而且还会制造出一件又一件让自己郁闷的事。

每个人都有自己的快乐：牙牙学语的小孩，一个小小的棒棒糖就会让他快乐；认真学习的学生，老师的一句表扬就会让他快乐；热恋中的男女，恋人一个会心的微笑就会让他快乐；多年相知的朋友，一个关心的电话就会让他快乐……

快乐可以藏于一首诗词、一幅画、一本书，可以隐于一盏淡酒、一杯清茶、一叶轻舟，它就像个调皮的小精灵，当你刻意捕捉它时，常常是芳踪难觅，可当你停下匆忙的脚步时，它就会落在你的身上。

看看，快乐是多么简单呀。为什么要让自己不开心呢？也许只要稍做改变，你就能得到快乐。

乔治夫人是华尔街一家银行的雇员，负责解答客户的各种问题。她的办公桌就放在银行大门进口处的右边。乔治夫人看起来是一个非常快乐的人，因为她每天都面带微笑，耐心地解答顾客提出的各种问题。

乔治夫人的办公桌上放着一个镜框，里面有一段名为"一个微笑"的箴言，它是这样写的：

一个微笑不费分文，但给予甚多，它能使获得者变得富有，却并不使给予者变穷。一个微笑只发生在瞬间，但有时对它的记忆却是永远。世界上没有一个人富有和强悍得不需要微笑，世界上也没有一个人贫穷得连微笑都没有。一个微笑能给家庭带来欢乐，也能在同事中传递善意。它为疲倦者带来休息，为沮丧者带来振奋，为悲哀者带来阳光，它是大自然中去除烦恼的灵丹妙药。然而，它却买不到、求不得、借不了、偷不去。因为在被赠予之前，它对任何人都毫无价值可言。如果有人已疲惫得无法给你一个微笑，请你将微笑赠予他们吧，因为再没有比无法给予别人微笑的人更贫乏、更需要一个微笑了。

乔治夫人的一个同事这样说道："从乔治夫人那里，我学会了微笑的技巧，也找到了属于自己的快乐。它改变了我的人生，我现在不但自己快乐，也给别人带来了快乐。"

怎样才能让自己变成一个快乐的人，并不是一门高深复杂的学问。在乔治夫人看来，快乐很简单——只要学会微笑，就能获得快乐。保持微笑，是一种美丽的生活姿态，它会让你忘记曾经的和正在发生的不愉快，乐观地对待周围的一切。那么，就请从微笑开始吧，对山笑、对水笑、对天笑、对地笑、对黎明笑、对黑暗笑、对成功笑、对失败笑……你就会永远生活在快乐中。

在美国经济最萧条的时候，保罗失业了，他情绪低落，可能除了拥有一份好工作外，再也没有什么能让保罗开心的了。

一个晴朗的下午，太太琼斯还有女儿茱莉亚邀请他一起出去散步。

茱莉亚对情绪沮丧的保罗说："爸爸，我们步调一致好吗？来，一二一……"

于是，他们三个人挺胸抬头、步履轻快地沿着马路走起来。

"抬头挺胸走路真有趣！"保罗说。

他们走了约一英里的路，三个人都觉得全身舒畅，充满活力。

当他们走过莱特大厦和古根汉姆博物馆时，茱莉亚说："爸爸，看，多美啊！"

这儿是保罗以前上班必经的地方，之前，他都是赶时间上班，从没注意过这些建筑物有多特别，听茱莉亚一说，他便抬起了头。这时，保罗笑了，他突然理解了伟大的建筑师莱特注入这个建筑中的深意来。

莱特大厦高高的尖顶直入云霄，保罗从中感觉到一种振奋，他忘记了失业的苦闷，心中洋溢着快乐。

后来，保罗又回到了原来的地方上班，每次路过莱特大厦和古根汉姆博物馆时，只要一抬头，他就能感觉到快乐。因此保罗常说："快乐很简单，就是一抬头的事。"

看看，快乐是件多么简单的事呀！人生的很多趣味就藏在生活的细微处。你偶尔经过的街道、随处可见的树木等都可能蕴含着情趣，让你可以从中得到快乐。快乐如此简单，为什么不选择快乐呢？

生活中，让人们感到快乐的事情其实有很多，那些沉浸在烦恼与痛苦中、为寻找快乐而劳累不堪的人，不是没有快乐，而是快乐太简单了，以至于他们意识不到快乐的存在，也就不懂得珍惜。

一个商人在一条山道上常会遇到一个樵夫，每次遇到樵夫，都看到他的脸上挂满了微笑。

有一次，商人终于按捺不住好奇心，走到樵夫面前问："老伙计，你穷得叮咚响，为什么却那么快乐呢？我非常富有，却很少有开心的时候。难道你家有价值连城的宝贝吗？"

听到商人的话，樵夫哈哈一笑说："我哪有什么无价之宝呀？我倒想问问你，你那么富有，为什么整天愁眉不展呢？"

商人沮丧地说："我有什么快乐可言呢？我虽然妻妾成群，但她们整天只会争风吃醋吵个不停，没有一个人关心我，我年过半百还没有子嗣，因此我时常感觉很孤独。虽有家财万贯，却觉得自己还是一无所有，我活得不开心。"

樵夫道："我没有你有钱，但我很快乐，因为我的家人都是我的靠山。"

商人问道："你的妻子一定贤良淑德。"

"不，不，我还没有结婚呢。"樵夫回答说。

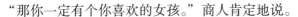

"那你一定有个你喜欢的女孩。"商人肯定地说。

"嗯，的确有个女孩给我带来了快乐，她给了我一件让我开心的'宝物'。"樵夫说。

"是吗？"商人好奇地追问，"是定情信物还是……"

"那个女孩很漂亮，是跟我一个村子里的一位富人的千金，我从来没有和她说过话，我很喜欢她，但我知道我配不上她。后来她离开了村子，离开前她向我投来了含情脉脉的一瞥，这就是让我开心的'宝物'"樵夫快乐地说。

商人简直不敢相信樵夫的话，眼前这个人竟然是因为姑娘的一瞥而快乐成这个样子。他问樵夫："难道这一点就能让你满足吗？"

樵夫点点头，说："对我来说，惦记就是快乐，为什么一定要拥有呢？"

一位名人说：人生最大的快乐不在于占有，而在于追求的过程。

樵夫就是一个懂得如何获得快乐的人。试想，如果樵夫看见自己心仪的女孩走后，整日里沉溺在相思中，他岂不是会比商人更难过。

快乐真的很简单，只要你静静地感受，快乐就在你身边，关键看你能不能发现，懂不懂得体会。你可以让自己置身阳光下，就算寒风凛冽，你也能感受到温暖的抚慰；你可以到海边吹吹海风，就算风里夹着腥味，你也能感受到大海的磅礴；你可以坐在书桌前写自己喜欢的文字，就算文笔不优美，也能享受到创作的喜悦……用如水的心境和置身世外的心情，感受世间的点点惊喜、点点快乐……

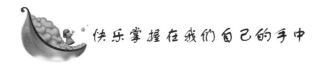

快乐掌握在我们自己的手中

很多人不停地追逐着名、权、利，追逐着所谓的快乐，但实际上；快乐就掌握在我们自己的手中，能不能穿好自己的快乐外套，关键在于我们如何取舍。那些为名、为利、为权、为位而不停追求的人，只会因机关算尽而苦恼，因患得患失而坐卧难安，不会享受到真正的快乐。

快乐存在于日常生活中细小而平实的琐事中，就在我们的身边。它来自于对自己生活状态的满足，不管这状态是什么样子的，也不管别人怎么看待这种状态，只要我们自己沉浸于此，我们就是快乐的。

传说有一位国王，虽然拥有至高无上的权力和财富，也很受广大臣民的拥护和爱戴，但他并不觉得自己是快乐的，反而总觉得自己被许许多多的烦恼困扰着。不久之后，这位国王得了忧郁症。全国著名的心理医生都被请来，为国王看病。会诊后，全体医生通过讨论决定，只要给国王穿上一件快乐的外套，病情就会痊愈。此时问题又出现了，这件快乐的外套到底在哪儿呢？万般无奈，国王便派一位大臣去全国各地寻找一个快乐的人，然后将他的外套拿回来。

这位大臣领旨之后，马上启程了。他逢人便问："你觉得自己快乐吗？"谁知听到的答复都是"我觉得自己并不快乐"，因为他们不是觉得自己没有足够多的钱，就是觉得自己没有足够大的权势，或者得不到别人的关爱……

大臣走遍了全国各地，询问了成千上万的人，没有一个人觉得自己是快乐的。就在他心灰意冷，准备打道回府的时候，突然从山岗上传来的一阵歌声吸引了他。歌声中充满了快乐的音符，唱歌的人一定是一个快乐的人。

他这样想着，便循着歌声往山岗上走去。唱歌的人是一个樵夫，他抱着一捆刚打下来的干柴，上身穿着一件又薄又破的衣服，一边慢悠悠地走着，一边快乐地唱着歌。

大臣有些意外，试探着开口问道："你觉得自己快乐吗？"

"是的，我觉得自己很快乐。"樵夫说。

"你的生活很安逸吗？你所有的愿望都已经实现了吗？你从不为

明天的事情发愁吗？"大臣问。

"是的。你看，今天的阳光多么温暖，风儿和煦地吹着，我肚子不饿，口也不渴，天空多么蔚蓝，还飘着几朵白云，我一个人在这山上，草是这么柔软，除了你不会再有人来打搅我，这一切都让我觉得是如此的惬意和舒服，怎么还会觉得不快乐呢？"樵夫说。

"你真是一个快乐的人。请将你的外套给我，让我把它献给国王，如果治好了国王的病，你将得到重赏。"大臣说。

"外套？我根本没钱买外套。"樵夫说。

每个人都希望自己能够快乐，可目光总是放在那些不能实现或无法挽回的事情上，于是在他们的心里，快乐不是明日黄花，便是远方遥不可及的美景，生命也因此在他们的瞻前顾后之中匆匆地过去了。或许有一天，他们会在某一刹那间突然发现，其实这一刻的自己才是快乐的——可惜这一刻的快乐却因为漠视，只能再次凋落成他们记忆里的落叶。大多数的人都会犯这样的错误，总是喜欢回味或憧憬快乐，却往往忽略了快乐此刻正披着露珠、散发着清香站在他们的身旁。

其实，我们每个人都有一件快乐外套，只是有些人看得见也用得上，而有些人看不见更用不着。快乐与否，往往就在于能不能给自己披上这件快乐的外套。

一天，庄子身穿破衣裳，脚穿着旧草鞋去见魏王。魏王见庄子这身奇怪的打扮，就问庄子："先生，您今天怎么这副打扮？以前从没见到你这般狼狈。"庄子回答道："我狼狈吗？我只是穷一些而已。让人狼狈的是道德上不端，而我穿着破衣草鞋，只是穷而不是狼狈。"庄子说完，就若无其事地走了。

还有一次，楚王派使者去请庄子做楚国的宰相。对一般人而言，这可是个千载难逢的好机会，做了宰相，就名利双收了。可庄子听了使者的话，却不为所动。使者问他为什么，他用一个巧妙的故事回绝了使者。庄子说："我听说在楚国有只神龟，三千多年前就死了，但它还是被人们装在竹篮里，盖上麻巾，安放在宗庙的大堂之上供奉着。你想，这只龟是想死后让人供奉呢，还是想活着在水中曳尾而游呢？"使者回答说："当然是活着了。"于是，庄子说："知道这个道理，你们就可以走了！我宁愿贫困地生活一生，也不愿被名利尊荣所累，损害生命。你们不要玷污我的名声，我以不做官为快乐。"

自甘贫穷、逍遥快乐一生，也是庄子对生存方式郑重而明智的选择。庄子以这种超脱的方式度过了自己清贫而洒脱、快乐的一生，留下了许多值得我们称颂学习、富有哲理的故事。

孔子说："饭疏食饮水，曲肱而枕之，乐亦在其中矣。不义而富且贵，于我如浮云。"可见孔子对快乐的理解是饿了吃粗粮，渴了喝白水，困了就将胳膊弯着当枕头，人生的乐趣也就在其中了。

每个人的身边都不会缺少快乐的元素，而是缺少发现快乐的眼睛。我们不必置身于财富、名利、权贵的边缘，苦苦追求那些得不到的东西，而是要发现自己的那件快乐外套，这样，我们才会享受快乐的人生。

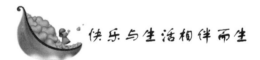

快乐与生活相伴而生

生活中人们的追求尽管千差万别，然而本质都是对快乐的追求，只不过是对快乐的理解不同。有的人认为有钱就是快乐，他们追求金钱，有的人认为有权就是快乐，他们便追求权力；有的人认为平安是福……十九世界西班牙小说家瓦尔台斯在《第四种权力》中说："人是为了快乐被创造出来的。"快乐不歧视任何人，大多数人如果下定决心去过快乐生活，就一定能快乐。

是啊，快乐本来就是紧随生活的脚步，与生活相伴而生的，只不过我们没有仔细去体会罢了。如果我们的眼睛只盯着那些不好的方面，便会对快乐视而不见。如果试着改变一下自己的观察角度，或许就是另一个样子。

有个老太太生了两个女儿，大女儿嫁给伞店老板，小女儿当了染坊店的主管。于是老太太整天忧心忡忡。逢上晴天，她怕大女儿伞店的雨伞卖不出去；逢上雨天，她又担心小女儿染出的布晾不干。天天为女儿担忧，日子过得很忧郁，久而久之，愁出了一身的毛病。

后来一位聪明人告诉她："老太太，你真是好福气，下雨天，你大女儿的伞店会顾客盈门；而晴天你小女儿的布店又生意兴隆，不论哪一天你都应该高兴才是啊！"老太太一想，果真是这个道理，从此，老太太便整天笑容满面，再也不忧郁了。

事情本来就是这么简单，同样的天气，心态一转，忧愁就变成了快乐。其实，事情往往就这样，感到不幸，是因为心态不正确，是因为我们排斥快乐，而不是事情本身带有不幸。如果抱着抵触情绪，即使快乐悄然降临身边，也会毫无觉察，与之失之交臂。

林肯说过："大部分的人，在决心要变得更快乐时，就会有那种快乐的感觉。"快乐是一种感觉，快乐的根源是我们的头脑，而不是口袋里所藏的东西。

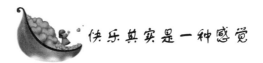

快乐其实是一种感觉

英国哲学家罗素说："快乐的生活在很大程度上，必是一种宁静安逸的生活，因为只有在宁静的气氛中，真正的快乐才能得以存在。"

试问，一个人尽管在外面获得安全，而他的心境常是忧惧恐慌的，其快乐又有几分呢？斯宾诺莎认为：一个人的快乐，即在于他能够保持自己的存在。费尔巴哈也有类似的论述，他说，生命本身就是快乐。他认为快乐是生活的本性：所有一切属于生活的东西都属于快乐，因为生活和快乐原来就是一个东西。亚里士多德认为美德就是快乐。他说："行为所能达到的全部善的顶点又是什么呢？几乎大多数人都会同意这是快乐。"不论是一般大众，还是个别出人头地的人物都说："善的生活，好的行为就是快乐。"

杜威则认为快乐只在于行为的不断成功，而不是道德行为所追求的最终目的。弗洛姆也有类似的看法，他认为快乐是一个人创造性心灵所带来的结果，是个人在思想上、情感上以及行为上的一切创造性活动所带来的喜悦。亚里士多德又认为能用理智来指导生活，就是最高的快乐。他认为，神的活动，那就是最高的快乐，也许只能是思辨活动，而与此同类的人的活动，也就是最大的快乐。卢梭也有类似的看法，认为狂热和激情都是短暂的，只是生命长河中的几个点，不能构成一种境界，快乐是一种境界。爱因斯坦认为，一种实际工作的职业就是一种最大的快乐。池田大作在与基辛格谈论人生时总是说，能够遇上给自己带来最大启发的人，就是人生最大的快乐。

快乐是不让交通、雨水、炎热、寒冷以及不得不排队等候等情况影响我们的心情。快乐是做我们喜欢的事，是喜欢我们所做的事，是生活中有很多希望，是永远祝福别人。快乐首先是个人的决定。每个清晨，当我们醒来的时候，我们都有机会选择让自己快乐还是不快乐地度过难忘的一天，或者只是又过一天而已。

快乐是一种态度。不管是我们面对一项全新的事业，还是面对生活中出现的任何一种新的情况，人生道路上的每一个境遇都给了我们一个积极应对或消极应对的机会。正是我们选择的应对方式，决定了在事情结束后我们所感受到的快乐和不快乐的程度。

快乐是一种自我感受，一种心理状态，快乐是无形的。尽管劳动成果、艺术享受、爱情、婚姻、家庭、爱好、修养、经历、境遇等都能给人带来快乐感受，但没有一种相应的尺度可以衡量快乐。"物质快乐"是存在的，所以我们在努力建设"物质文明"。但是，纯粹物质享乐并不等于快乐，物质的多少并不一定带来相应的快乐的大小。金钱是存在的需要，金钱可以买得来刺激，甚而买得来

"快乐"，但不一定买得来快乐。有钱难使精神贫乏不快乐的人推动快乐的磨盘。一切的喧嚣浮华至多是表面的快乐而不是真正的快乐。

但最重要的是，快乐是寻求和体验生活中的平衡。快乐是对生活的方方面面都有一个目标，并保证自己每天都朝着实现这个目标的方向前进。快乐是拥有个人、专业和家庭目标，并让这些目标成为一项行动计划的一部分，努力使我们的生活保持平衡。

快乐更多的时候是一种心境，追求快乐，包含着人们对美好生活的企盼，更寄托着人们对人生境界的追求。不同的人有不同的志向和理想，体现了不同的信念追求和价值取向。"人活着是要有一点精神的"，人生的价值并不在于获取了多少、享受了多少，更多的时候在于为社会做了多少贡献、给他人带来多少福祉。因为只有这样，人类才能繁衍生息，社会才得以不断进步。否则，人人都去索取，都去为了个人的快乐而不顾他人的感受、甚至不择手段，人类社会就会灭亡。因此，那些为人民谋利益、谋快乐的人，本身也是最洒脱、最快乐的人。

快乐不是给别人看的，与别人怎样说无关，重要的是自己心中充满快乐的阳光，也就是说，快乐掌握在自己手中，而不是在别人眼中。快乐是一种感觉，这种感觉应该是愉快的，使人心情舒畅、甜蜜快乐。

快乐不快乐完全取决于自己

快乐其实很简单，无论你是谁，你有什么，在什么地方。如果你认为自己快乐，你就很快乐，如果你认为自己很不幸，就会很不幸，快不快乐取决于你的态度。

一位面容清纯、笑容甜美的美容师颇得学员的好感。在讲座中，美容师让学员猜一下自己的年龄。室内气氛顿时活跃起来，有的猜

11

32 岁，有的猜 28 岁。结果，这些答案统统被美容师微笑着摇头否认。

"现在，我来告诉大家，我只有 18 岁零几个月而已。"

室内哗然，继而，发出一片不信任的惊诧声。

"至于这零几个月是多少，请大家自己去衡量吧，也许是几个月，也许是几十个月，或者更多，但是，我的心情只有 18 岁。"美容师接着说。

美容师永远都保有 18 岁的心情，所以她容颜不老青春难逝。原来，美容师采用的是心情美容法。

如果一个人的心情是快乐的，那种油然而生的流畅的女性的柔美即使素面朝天也不会被掩饰。心情有时如一棵树，快乐是笔直的树干。秋天来时，抖抖快乐的枝干，那些枯黄的树叶和愁云便会纷纷扬扬地飘落。春天来时，抖抖快乐的枝干，生活便会展开美丽的笑颜。

有一只小狗，不停地绕着自己的尾巴转圈，弄得筋疲力尽躺在地上喘气。

刚巧有一只大狗走过，询问它发生了什么事，小狗说："朋友告诉我，假若我可以追到自己的尾巴，我便能永远得到快乐和快乐，所以我才追逐自己的尾巴，弄得筋疲力尽。"

大狗叹了口气说："在我年轻的时候，也听过别人说同样的话，我也跟你现在一样弄得筋疲力尽，但快乐和快乐，当我追逐它的时候，它永远在我前面，反而当我不刻意追逐，一切顺其自然之时，才发觉快乐和快乐在后面日夜跟随着我！"

许多人每天追逐名利以及物质享受，但仍然得不到快乐，是否是身在福中不知福呢？殊不知快乐本来就是我们生活的一部分，关键在于我们是否懂得欣赏。

看淡忧伤，树立健康快乐的形象

生活如同一面镜子，我们对它笑，它就对我们笑；我们对它哭，它也以哭脸相示。持有什么样的心态，也就决定我们拥有什么样的人生结局。

悲观主义者说："人活着，就有问题，就要受苦；有了问题，就有可能陷入不幸。"即使一点点的挫折，他们也会千种愁绪，万般痛苦，认为自己是天下最苦命的人，一如英国哲学家罗素所形容的"不幸的人总自傲着自己是不幸的"。悲观主义者把不幸、痛苦、悲伤做成一间屋子，然后请自己钻进去，并大声对外界喊着："我是最不幸的人。"因为自感不幸，他们内心便失去了宁静，于是不平、羡慕、嫉妒、虚荣、自卑等悲观消极的情绪应运而生。是他们自己抛弃了快乐与幸福，是他们自己一叶障目，视快乐与幸福而不见。

乐观主义者说："人活着，就有希望；有了希望就能获得幸福。"他们能从平淡无奇的生活中品尝到甘甜，因而快乐如清泉，时刻滋润着他们的心田。

其实，任何事物本身都没有快乐和痛苦之分，快乐和痛苦是我们对它的感受，是我们赋予它的特征。同一件事情，从不同角度去看待，就会有不同的感受。一个人快乐与否，不在于他处于何种境地，而在于他是否持有一颗乐观的心。

不过，"乐观"两个字说起来很简单，但做起来并不是那么容易的。首先，我们必须要学会在逆境中发现光明。一位母亲告诉他的儿子，天真的很黑的时候，星星就要出现了。

如果保持开朗的心境不那么容易做到，你就和乐观的人交朋友吧，他们积极向上的人生态度会感染我们，使我们在不知不觉中变得开朗。

我们要重新学会如何感动、如何爱别人，如何不去计较那些反面的事情，这样我们的每一天都可以是一个崭新的开始，充满了光明和希望。

要记住，人们都喜欢和乐观的人在一起合作。

逃离忧虑的魔掌，树立健康快乐的形象，这是成功人生的第一步！

担忧使许多人无法履行自己的义务，因为这消耗他们的精力，损害和破坏他们的创造力；而乐观则使人免于担忧，并能使他将自己的才能和创造力发挥到极致。

深受忧虑之害的人是无法充分发挥其应有才能的。如果处境困难，他就会束手无策。如果焦虑不安，他只会使自己无法做到最好。无论我们需要什么，首先要把乐观放在前头。不要问怎么办、为什么或什么时候，我们只要全力以赴。一定要有希望和信念，这是指引我们成功所必需的。

一位以美丽著称的女演员曾经说过："想变漂亮一些的人绝对不可以忧虑。忧虑意味着所有美丽的毁灭、消亡和破坏，意味着丧失活力，无精打采，意味着多愁善感，意味着无休无止的灾难。不要介意发生的事情，一个女演员绝对不可以忧虑。一旦她懂得这一点，那她就已经驶进了那条保持美丽容颜的高速公路的入口。"

如果一个老是忧虑重重的人能看到一幅他从不担忧时的画像该多好啊！如果他置身于另一幅自己忧虑重重时的画像旁，又该是一件令他多么震惊的事情啊！他忧虑重重时的模样看上去未老先衰，满脸都充满了恐惧和焦虑的皱纹，充满了极度沮丧和了无生气的表情。这幅画中的他似乎要比那幅快乐画像中的他苍老许多，在那幅显出快乐的画像中，他是那样的朝气蓬勃、充满乐观和满怀希望。

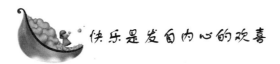
快乐是发自内心的欢喜

你不喜欢的，别人会视为快乐的源泉；你认为是快乐至宝的东西，搞不好别人会当成粪土。所以快乐绝对是发自内心的欢喜，不可以有丝毫的勉强和别扭。

快乐常常是不按常理出牌的时候得到的，即使生活变了，所有的情况都出了差错，或许你会获得另外一个意想不到的结果，这时候的你也许会喜出望外！

东海的大甲鱼偶然爬到一口井边。井里的一只青蛙看见了，连忙说："稀客稀客，请来寒舍参观一下吧！"大甲鱼说："你在井里过得舒服吗？"井蛙说："我独霸一口井的水，像一个国王一样，怎么不舒服呢？你看，我一跳到井里，水就来扶着我的两腋，托着我的腮帮子。我高兴就钻入水底，泥巴就赶快来按摩我的脚，到了晚上，不想待在水里，就跳出来，散散心。"

于是，大甲鱼便想到井底看一看，可是它的左脚刚刚踩进去，右脚就绊在外边动弹不得了。大甲鱼只好退了出来，对井蛙说："你的井太小了，我进不去。我是从东海来的，让我告诉你东海的快乐吧。东海又大又深，用长一千里，不足形容它的广大，用高八千尺，不足以形容它的深。水灾时不会增加，旱灾时不会减少，像这样不会因时间的长短而改变，不受雨水的多少而增减，这就是大海的快乐。"

井蛙听了，翻翻眼珠，一副茫然的样子。

你可以羡慕大海的壮丽和宽阔，但你也可以为自己的安乐窝而振奋不已。快乐源于自己的感觉。一个人的快乐并不是人人都能体会到的，要学会保持自己的一份心境，享受自己的快乐。

快乐没有道理可言，只要你觉得做某件事快乐，那就是快乐的；只要你认为自己做的事有意义，这就是快乐。

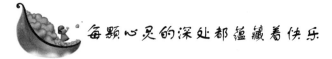每颗心灵的深处都蕴藏着快乐

每个人都是血肉之躯，人与人没有多少区别。但是，这种成分组合之后却使一种神秘的东西更加凸显，那就是每个人都有一种心灵状态。因为这种状态的存在、你看到了人们各自脸上的不同反映，不同出事方式以及不同的生活状态，这种心灵的状态就是心态。

我们每个人都有一颗心灵，每颗心灵的深处都蕴藏着无穷无尽的智慧和能量。

一对年幼的姐弟为了冬日里取暖，在大雪漫天的山上辛苦地砍柴。弟弟两脸通红，不住地搓着快要冻僵的双手，满脸委屈地说道"姐，我要是皇帝多好！就会有一把用金子做成的斧头！威力无比！可以以转眼间砍到很多的柴火。"姐姐在一旁听了，禁不住噗笑："狗娃呀，狗娃，你要是皇帝！咱们就不用上山砍柴了！这么大冷的天！一定坐在热乎乎的炕上吃着香喷喷的烤红薯呢！"

在现实生活中，许许多多的人不惜用尽一生的精力，甚至不惜以抛弃身家性命为代价疯狂地追求着所谓的快乐，而在这对姐弟的眼中，快乐竟是如此的简单，充其量只是一把金子打成的斧头或者坐在一张热乎乎的土炕上吃着几只烤红薯。

也就是这几只烤红薯，有人整日马不停蹄却寻找不着。

过去有这样的一个人，在烈日下走得非常口渴，为了解除这个痛苦他很想弄些水来。看到远处雾气腾腾，以为是水，可是走过去一看，却又不是。后来他终于找到一条河流，河水滔滔不绝地流着，而且十分清澈。然而，这个人却又只是站在远处呆望着，而并不急着下去喝。

这时正巧有人路过，那人很奇怪，问道："你口渴难耐，一路找水喝，现在找到了，为什么却又不喝呢？"这人的回答让人觉得非常

奇怪，他说："你喝得完这么多的水吗？要是喝得完我早就去喝了。既知喝不完，那我何苦要去喝呢。"过路人听了，只能付之一笑。

静下心来，回想一下我们时常听到、看到、甚至接触到的各色的人和事。他们当中，有普普通通的平民老百姓，有腰缠万贯的商家老板，有在商界叱咤风云的大企业家，也有在政界崭露头角的未来之星……我们会常常听到这样的喟叹：看你快乐的样子，真叫人羡慕不已呀！听那种口气，好像快乐的感觉从来就不曾光顾过他们。

在有些人眼里，寻找快乐就像爬山一样，到达一个山头时，就会看到在前方有更高的山头出现，努力登顶，尚未形成的快乐感觉便在一瞬间烟消云散了！快乐的高山对他们而言从来就没有真正登上过，每天风尘仆仆谨小慎微地生活，逮着的却只是快乐的小尾巴。

走在傍晚初秋的乡村小路上，你会经常看到勤劳的农民正在给即将要收割的稻田放水，不时地望着夕阳的余晖下，稻田里此起彼伏的稻穗，老人沧桑的脸上却会淌满了快乐。

在一个早餐店里，一对夫妻不论刮风下雨总是支起小摊，起早摸黑，生意蒸蒸日上。他们总是一脸快乐的感觉，也许长期困惑的你看到他们时会找到答案。

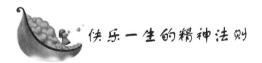

快乐一生的精神法则

一个脆弱的百万富翁可能会对自己说："如果有人把我的所有积蓄夺去，那就没有人会理我了。"

一个坚强的人可以对自己说："如果债主非得逼我和他捉迷藏不可，那我就借这机会好好活动活动。"

人世间，并非无烦恼就快乐，亦非快乐就没有烦恼。那么人们能否一生都保持愉快的生活呢？请牢记下面7条：

1. 承认弱点。人无完人，要承认自己的弱点，乐意接受别人的建议、忠告，并有勇气承认自己需要帮助。

2. 吸取教训。面对失败和挫折应该从中吸取教训，勇往直前。

3. 有正义感。在生活中诚实和富有正义感，朋友们就会乐于帮助你。

4. 能屈能伸。对待人生应处之泰然，人的一生会遇到意想不到的打击或其他不幸，要客观对待、随遇而安。

5. 热心助人。帮助别人，与人关系融洽，自然就会受人尊敬。

6. 宽恕之心。自己受到不平等待遇时，必须宽恕和同情他人。

7. 坚守信念。当你做任何事情时，都必须坚守个人的信念。

然而，快乐有时需要我们自己去寻找、创造。创造快乐可用以下方法：

精神胜利法是一种有益身心健康的心理防卫机制。在你的事业、爱情、婚姻不尽如人意时，在你因经济上得不到合理对待而伤感时，在你无端遭到人身攻击或不公正的评价而气恼时，在你因生理缺陷遭到嘲笑而郁郁寡欢时，你不妨用阿Q的精神调适一下失衡的心理，营造一个祥和、豁达、坦然的心理氛围。

1. 难得糊涂法。这是心理环境免遭侵蚀的保护膜。在一些非原则性的问题上"糊涂"一下，无疑能提高心理的承受能力，避免不必要的精神痛楚和心理困惑。有这层保护膜，会使你处乱不惊，遇烦不忧，以恬淡平和的心境对待生活中的各种紧张事件。

2. 随遇而安法。这是心理防卫机制中一种心理的合理反应。培养自己适应各种环境的能力，遇事总能满足，烦恼就少，心理压力就小。古人云："吃亏是福。"生老病死，天灾人祸都会不期而至，用随遇而安的心境去对待生活，你将拥有一片宁静清新的心灵天地。

3. 幽默人生法。这是调节心理环境的"空调器"。当你受到挫折或处于尴尬紧张的境况时，可用幽默化解困境，维持心态平衡。幽默是人际关系的润滑剂，它能使沉重的心境变得豁达、开朗。

4. 宣泄积郁法。心理学家认为，宣泄是人的一种正常的心理和

选择生活中的乐趣

生理需要。你悲伤忧郁时，不妨与异性朋友倾诉；也可以通过热线电话等向主持人和听众倾诉；也可进行一项你所喜欢的运动：或在空旷的原野上大声喊叫，这样既能呼吸新鲜空气，又能宣泄积郁。

5. 音乐冥想法。当你出现焦虑、忧郁、紧张等不良心理情绪时，不妨试着做一次"心理按摩"——音乐冥想"维也纳森林"，坐"邮递马车"……

当然，创造快乐不仅仅只有以上方法，重要的是我们在生活中、工作中，要常怀一颗欢喜心。

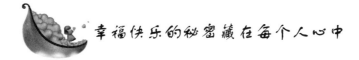

幸福快乐的秘密藏在每个人心中

下班了，天也黑了，李保华赶着去接上小班的儿子下课。回途中，儿子忽然抬头仰望着，告诉李保华说："爸爸！你看有个微笑挂在天空上耶！"

李保华纳闷着，也抬起头一望，原来今晚是个上弦月，月亮弯弯，正对着地上所有人亲切地微笑着。李保华放慢脚步，望着儿子稚气的脸，不禁问道："那你的心情好吗？"儿子天真地反问我："那你呢？"李保华微笑着说："看见你，我心情就很好啊！"儿子也回答："看见月亮在微笑，心情就很好啊！"

父子俩就在街头驻足，一起抬头望着月亮微笑着。

生命中有太多的忙碌与负荷，亲情就是沉重而甜蜜的负荷。终日忙碌的工作，累积的是疲劳与厌烦，总觉得生活因忙碌而无味，心情总是紧张而灰暗。

但是，只要我们将脚步稍歇、转换角度，不难发现许多未曾发现的新奇，就发生在我们最刻板的生活里，也直接影响着我们每一日的心情。

用孩童纯真无邪的眼光，欣赏单纯、自然的景物，我们就都会

19

返璞归真，回到纯真的一面，去发现有趣的生活，更换不同的心情！

传说，上帝和天使们召开了一个会议。上帝说："我要人类在付出一番努力之后才能找到幸福快乐。我们把人生幸福快乐的秘密藏在什么地方比较好呢？"

有一位天使说："把它藏在高山上，这样人类肯定很难发现，非得付出很多努力不可。"

上帝听了摇摇头。

另一位天使说："把它藏在大海深处，人们一定发现不了。"

上帝听了还是摇摇头。

又有一位天使说："我看哪，还是把幸福快乐的秘密藏在人类的心中比较好，因为人们总是向外去寻找自己的幸福快乐，而从来没有人会想到在自己身上去挖掘这幸福快乐的秘密。"

上帝对这个答案非常满意。

从此，这幸福快乐的秘密就藏在了每个人心中。

快乐的人找结果，悲伤的人找如果

很多人失败以后都说，如果有人告诉我，如果我当时再努力一点，如果我能每天早上早起几分钟，如果……如果是没用的，结果才是重要的。

又到了葡萄成熟的季节，小蜗牛向着葡萄架的顶端努力地爬行着。太阳升起又落了下去，等蜗牛到达那梦寐以求的地方时，初冬来到了。失望，沮丧，自责。他要赶紧跑回家找妈妈。

小蜗牛："妈妈，为什么我从生下来，就要背负这个又硬又重的壳呢？如果不是这个讨厌的家伙，我一定可以吃到又甜又香的葡萄。"

妈妈："因为我们的身体没有骨骼的支撑，只能爬，但又爬不

20

快。所以要这个壳的保护!"

小蜗牛:"毛毛虫姐姐没有骨头,也爬不快,为什么她却不用背我们这种壳呢?"

妈妈:"因为毛毛虫姐姐长大后可以变成蝴蝶,高高的天空会保护她啊。"

小蜗牛:"可是蚯蚓弟弟也没骨头爬不快,也不会变成蝴蝶,他为什么也没有壳呢?"

妈妈:"因为蚯蚓弟弟会钻土,广阔的大地会保护他啊!"

小蜗牛伤心的哭了起来:"我们好可怜,天空不保护,大地也不保护"。蜗牛妈妈安慰他:"所以我们有壳啊!我们不靠天,也不靠地,我们要靠自己。"

到了第二年春天,小蜗牛带足了干粮,上路了。他决定今年一定要吃到最鲜最甜的葡萄。爬呀爬呀,它终于来到了架子的顶端,当他抬头看到了熟透的果实时,心里别提多高兴了。

听说世界上能登上金字塔顶的动物除了拥有一双矫健翅膀的雄鹰之外,就是看似笨重的蜗牛了。蜗牛有一个厚实的螺旋形外壳,这既是蜗牛的保护伞,又是保水膜。当蜗牛行走时,它就探出头和身体,靠触角感知周围的事物,借助于身体分泌的粘液和腹足附着于金字塔的塔壁上,缓慢地一点一点地往上爬行。能成为到达金字塔顶的佼佼者,累赘厚重的外壳和它那永不停息的执著精神是其成功的法宝。

现实生活中,不同的人为了不同的目标终日奋斗着。正如蜗牛一样,开始攀登是容易的,但要像蜗牛那样攀上金字塔顶是艰难的。

"中国第一打工仔"——亿万富翁刘延林,用仅有的9.2元起家,最终成为一个当代的创业典型。当他怀揣着让人可怜的9.2元决定南下打工时,曾因买不起火车票而不得不扒火车。好几次他都被当作乞丐撵下车去。来到砖厂由小工做到老板,从不景气到严重亏损,从合伙人分伙到负债累累,不论前面的路有多难,他都不气馁,不放弃。他的心中有一个坚实的信念:不拼是穷,拼了也许就会赢。他凭着一股永不停息，永不服输的执著，在一年的时间里，不仅把砖厂的债务全部还清，而且还挣了20多万元。他并没有在成功的道路上止步不前，为了更大的胜利，他扩建了砖厂的规模，并兼营房地产。用了短短20年的时间便一举成为了亿万富翁。

蜗牛如果没有了保护性外壳，就容易被伤害，如果缺乏了那种沉着稳健、永不停息的执著精神，要想达到目的同样是天方夜谭。

朋友们，遇到挫折时，一定不要找一些借口来为自己开脱，多想一想幸福的蜗牛吧，也许它会带你走向理想的彼岸。

要想获得成功，就必须竭尽全力，挑战极限，不断地超越自己。

 ## 生活的最大乐趣是享受美丽的人生

哈斯夫妇俩一直渴望有个孩子，而且很早就取好了孩子的名字，但是，他们却等了10多年才如愿以偿。

库兹亚是他们的宝贝。哈斯夫妇想尽办法教导儿子，连走路的方式也清清楚楚地告知："我的好孩子，走路时记得要看着地上啊！如果你走在木板上要专心看着脚底下，因为木板最容易让人滑倒。"

这是库兹亚开始学习走路时爸爸的叮咛。乖巧的库兹亚也相当遵从父亲的教导，只要走在木质地板上，他一定紧盯着脚下。

有一天，哈斯一家人来到山间游玩，爸爸又教导库兹亚："在山路行走时，你还是要看着地上，每一步都要相当小心，不然你会从山顶摔到山谷中；而下山坡时，你一样要看着脚下，否则一个闪神，你就会扭伤脚踝的，知道吗？"

库兹亚点了点头，说："是的，爸爸！"

有一天，库兹亚准备到海边旅行，妈妈连忙叮嘱他："儿子啊！当你走在沙滩上时，千万要小心啊！双眼一定要紧盯着脚下，因为海浪随时都会出现，幸运点只会溅湿了你的全身，最可怕的是它会

将你卷入海里。"

不幸的是，在关于海边旅行的叮咛后不久，哈斯夫妇相继离开了库兹亚。可怜的库兹亚从小就习惯听爸爸妈妈的引导与叮咛，如今他只能在过去的叮咛中继续生活。对于父母的话，他仍然相当遵从。

库兹亚认真执行父母的叮嘱，在木板上、在田野间、上山与下山时，他都用心地盯着脚下。即使来到沙滩，听见美丽的浪潮声，他也不会抬头看看，声音是从哪里来的。

不管走到哪里，"听话"的库兹亚，总是低着头往前走。

库兹亚从来没有跌倒过，也没有滑倒或碰伤过，一生几乎是毫发无伤的他，就这么"低着头"，走完他的一生。

不过，在他临死前，他仍然不知道，原来天空是蓝色的，天上不仅有美丽的云彩，还有耀眼迷人的星星。此外，他也不知道自己所走过的每一个地方，风光是多么美丽。

生活中有太多可以尝试的事，只是我们不一定能全部经历。生命中有太多要学习的事，只是我们不一定能全部学习。

如果，你也像库兹亚的父母一样害怕危险、担心受伤，那么你就不能真正享受美丽的人生。

因为，生活的最大乐趣，就是能经历失败的痛苦与成功的喜悦，这些才是生命的真正意义，也是你活着的重要目的。

第二章　追问生活：什么偷走了我的快乐

很多人都是不高兴的时候多，开心的时候少。钱不够花时，觉得有钱后就会快乐，可是，当钱多了以后，烦恼也并没有少；困难挡在面前的时候，觉得要是生活中没有了困难是最幸福的事，可是，当面前是一马平川的大道时，新的烦恼又来了……不快乐似乎如影随形，那么，究竟是什么影响了我们的心情呢？

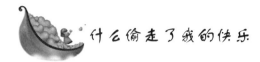

什么偷走了我的快乐

很多人都是不高兴的时候多，开心的时候少。钱不够花时，觉得有钱后就会快乐，可是，当钱多了以后，烦恼也并没有少；困难挡在面前的时候，觉得要是生活中没有了困难是最幸福的事，可是，当面前是一马平川的大道时，新的烦恼又来了……不快乐似乎如影随形，那么，究竟是什么影响了我们的心情呢？

有一个富翁虽然家财万贯，可总是快乐的时候少，不快乐的时候多。他想，自己富甲天下，一定能买到快乐。于是他决定带着金银，到远处寻求快乐。

一天，他走在一条山路上，背上的金银压得他劳累不堪、痛苦万分。这时，一个樵夫从后面赶了上来，富翁就与樵夫搭话说："我是个富翁，虽然有钱，可总是痛苦多快乐少。你看，这道路又窄，我身上背的东西又多，很不开心啊！"

樵夫放下木柴，揩着汗水说："快乐很难得到吗？放下就是快乐呀！"

富翁听了，觉得背上的金银实在是太重了，于是就将金银放了下来。当富翁直起腰的时候，路边的美景尽收眼底，他一下子觉得轻松了很多，心里舒坦极了。

富翁顿悟：自己不开心，是因为怕被人抢、被人陷害，所以整日忧心忡忡，快乐也就无从谈起。于是，从此以后他将钱财接济穷人，专做善事。这样一来，他很快就感到了快乐。

可见，人生的很多不开心，是因为不懂得放下。

人生在世，不如意十之八九。常常有人想不开、放不下，将挫折、痛苦、哀伤、恐惧和忧虑压在心头；有人更是一味偏执，结果越陷越深，不能自拔，最后钻进了死胡同。放不下，就是和自己过

不去，这样的人不会快乐。

那么，有没有转换心境、让自己快乐的方法呢？有，那就是换个角度思考问题。有位哲人曾说："人生的很多烦恼，是因为我们思维方式的不同而产生的。"所以，尝试换种想法，你的人生就会少去很多烦恼。

一位天使想用自己的神通给不开心的人带来快乐。

天使遇见一个牧童。牧童的样子看起来非常不开心，他向天使诉说："我的牛丢了，父母会责骂我的。"于是天使帮牧童找到了牛，牧童高高兴兴地牵着牛走了。

天使遇见一个女子。女子非常沮丧，她向天使诉说："我的钱都被人偷光了，没有回家的路费。"于是天使送给她路费，女子开开心心地回家了。

天使遇见一个作家。天使问他："你快乐吗？我能帮你吗？"作家对天使说："我不快乐，你能够给我快乐吗？"天使有些为难，因为作家不仅年轻、富有、帅气，而且有才华，他的妻子也非常美貌，看起来他什么都不缺。

最后，天使想了想，说："我明白了。"于是天使拿走了作家的才华，毁去了作家的容貌，夺去了作家的财产，带走了作家的妻子，天使做完这些事后，就一声不响地离去了。

10 天后，天使再回到作家的身边，看见作家衣衫褴褛地在地上挣扎，已经饿得奄奄一息了。于是，天使把作家的一切还给了他。

半个月后，天使又去看作家，问他："现在，你快乐了吗？"

这时，作家搂着妻子，笑着回答："我很快乐，很快乐，谢谢天使。"

由此可见，人生的很多烦恼，往往是因为忽略了自己所拥有的东西。

不懂得放下，不懂得珍惜当下，不知道转变看法……这些都是不快乐的根源。快乐是一种感觉，只要你想快乐，就没有什么可以阻挡你。当我们不开心时，不要归罪于贫穷，也不要归罪于卑微，更不要归罪于生活中的种种遭遇，心态和行为方式才是我们不快乐的根源。要想获得快乐,就要不断修正自己的心态和行为,这样,不论你是贫穷还是富有,都会感到快乐。

平淡中品味快乐才是真幸福

有个人觉得生活很沉重,便去见哲人,寻求解脱之法。

哲人给他一个篓子背在肩上,指着一条沙砾路说:"你每走一步就捡一块石头扔进去,看看有什么感觉。"

过了一会儿,那人走到了头,哲人问有什么感觉。那人明白了生活越来越沉重的道理。当我们来到世界上时,我们每个人都背着一个空篓子,然而我们每走一步都要从这世界上捡一样东西放进去,所以才有了越走越累的感觉。

于是那人问道:"有什么办法可以减轻这沉重吗?"

哲人问他:"那么你愿意把工作、爱情、家庭、友谊哪一样拿出来呢?"

那人不语。

哲人说:"当你感到沉重时,也许应该庆幸自己不是总统,因为他背的篓子比你的大多了,也沉重多了。"

人生路坎坷的时日居多,升学、工作、晋级、成家哪一个环节都不可能一帆风顺,大部分时间都在负重而行,领导同事的误会、工作上的摩擦、生活上的不如意都是令人难过的源泉,这时候就得有负重而行的心理承受力。如果不够宽容,不够豁达,不会变通,最终会把自己逼入死角。

负重而行当然是一种痛苦,但没有负重就不可能体会无重的轻松惬意,没有负重而行,也就无所谓责任,从而也就无所谓取得成就,当然也就体验不到上了坡后那种如释重负的快感了。没有负重的生命是不完整的生命,没有负过重的人生是不圆满的人生。

每个人都不知道未来怎样,但我们不应该想生活怎样,应该多想想怎样生活。维持那颗平常心,平淡的生活同样精彩。在平淡中品味出快乐才是真正的幸福。

人生苦短,何必让自己在名利中折腾呢? 攀比只会产生烦恼。开奔驰的固然威风潇洒;并肩漫步会另有一番幸福甜蜜。怎样才是一个完整的家? 不是豪华洋房、昂贵花苑,而是两个人共同建筑、共同守护的"城堡"! 我们这座城堡,牵着手才能找到,幸福是因为互相依靠。"城堡"的大小不在于它的实际面积,而在于两人心里的感觉。

自卑心理扼杀了快乐的种子

自卑,就是自己轻视自己,看不起自己。自卑心理严重的人,并不一定就是他本人具有某种缺陷或短处,而是不能容纳自己,自惭形秽,常把自己放在一个低人一等、不被自己喜欢,进而演绎成别人看不起的位置,并由此陷入不能自拔的境地。正是自卑这个绊脚锁,阻碍着我们前进的步伐。

自卑的人心情低沉,郁郁寡欢,常因害怕别人瞧不起自己而不愿与别人来往,只想与人疏远,缺少朋友,甚至内疚、自责、自罪;他们做事缺乏信心,没有自信,优柔寡断,毫无竞争意识,享受不到成功的喜悦和欢乐,因而感到疲劳,心灰意懒。

下面这些想法是自卑者的典型心理:

消极地看待问题,凡事总往坏处想:自卑者最难忘怀的便是失望和厄运。他们整天想着消极的事情,谈了又谈,算了又算,而且牢牢地记着,准备将来还要谈这些事情。

多疑,对别人和自己的信心都不足:"别干这件事。恐怕这件事对你来说太吃力了,会把你搞垮的。""我肯定要迷路了,再也找不到那个地方了。"

高兴不起来:如果你对于生活前景的看法是消极的,你就不可能快乐。对于情绪消极的自卑者来说,几乎根本没有过欢笑愉快的经历。他们把现时可能享受的欢乐也失去了,因为他们还在回味昨日不愉快的记忆,沉溺于今日唤起的痛苦之中。

老是想扫兴的事,一旦看到别人热情地去做某件事,会觉得不可思议。他们把前途看得一片黯淡,连气都透不过来,于是把所有的气氛都破坏了。失败者不管要做什么事情,总是处处碰上他自己设下的牢笼,处处都应验了他们自己所说的话。

不愿意改变,不愿意尝试新事物。总是自责和自怨自艾:"什么事情出了毛病都是我被责备。""我们家的问题就是谁也不为我考虑。"

希望得到帮助或机会,又觉得不会碰到这样的好事:"在这个城市里,要碰见一个好人是不可能的。"

意志消沉:自卑者的意志是消沉的,他们心情沉重的原因之一是"背负情感包袱"。他们像负重的牲畜一样,把没有解决的老问题、老矛盾背在身上,天天翻来覆去地念叨那些烦恼事。

长期被自卑情绪笼罩的人,一方面感到自己处处不如人:另一方面又害怕别人瞧不起自己,逐渐形成了敏感多疑、多愁善感、胆小孤僻等不良的个性特征。自卑使他们不敢主动与人交往,不敢在公共场合发言,消极应付工作和学习,不思进取。因为自认是弱者,所以无意争取成功,只是被动服从并尽力逃避责任。

自卑的人,总哀叹事事不如意,老拿自己的弱点比别人的强处,越比越气馁,甚至比到自己无立足之地。有的人在旁人面前就脸红耳赤,说不出话:有的人遇上重要的会面就口吃结巴;有的人认为大家都欺负自己因而厌恶他人。因此,若对自卑感处置不妥,无法解脱,将会使人消沉,甚至走上邪路,坠入犯罪的深渊,或走上自杀的道路。不良少年为了逃避自卑感会加入不良集团。

与此同时,长期被自卑感笼罩的人,不仅自己的心理活动会失去平衡,而且生理上也会引起变化,最敏感的是心血管系统和消化系统,将会受到损害。生理上的变化反过来又影响心理变化,加重人的自卑心理。

自卑,是个人对自己的不恰当的认识,是一种消极心理。在自卑心理的作用下,遇到困难、挫折时往往会出现焦虑、泄气、失望、颓丧的情感反应。一个人如果做了自卑的俘虏,不仅会影响身心健康,还会使聪明才智和创造能力得不到发挥,使人觉得自己难有作为,生活没有意义。

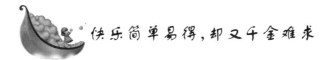

快乐简单易得,却又千金难求

人有时候往往不知道自己要什么。买东西时,我们会根据广告和牌子来区分东西的好坏;会不由自主地模仿小资的生活模式;成年后实现童年或青少年时未完成的心愿,这些都是在潜意识的支配下发生的。而我们本能的满足,不过饮食男女而已。

幸福到底是什么?不同的人有不同的理解,我从一个穷人的角度来认识一下穷人。富人可以一掷千金,一餐饭花掉穷人一年的收入,富人可以此为荣,却不一定感到幸福,穷人能吃上一顿肉夹馍外加一碗兰州牛肉面,就感到自己是个幸福的人。

叔本华曾说过:“生命是团欲望,欲望不能满足便是痛苦,满足了便是无聊,人生就在痛苦和无聊之间摇摆”。看来一个人的幸福,与他对生活的欲望大小及满足程度有密切的关系。

为什么穷人离幸福很近?穷人对生活的欲望小且单纯,非常容易得到满足,所以穷人离幸福很近;富人对生活抱有很多无法满足的奢望,所以富人虽然拥有万贯家财,但他离幸福很远。穷人的幸福差不多总是以温饱为前提的,一个穷人在风雪路上疾走,倘能遇到一间暖屋烤火,他就会认为这是一种幸福;一个穷人饥饿无比,倘有一杯热茶和几块点心,就会让他喜出望外,认为这是一种幸福……

一场电影里有这样一幕:车站上有一对农民夫妇,男人忍住饥饿,却把唯一的一块红薯留给他的女人吃,当寒冷袭来的时候,他们靠在一起互相取暖,让一种最真挚的爱在彼此的肌体上传送。这就是他们的幸福吧。就像电影中"贫嘴张大民"一样,虽然没有什么远大的理想,没有超凡的品格,他生活的目标就能过上不愁吃不愁穿的好日子,可能他根本想不到那些富人的生活情况,但是他的脸上总是洋溢着幸福的笑容。

穷人的幸福实实在在,很多穷人这样认为:"我的幸福就是在企业里有活干,多挣些钱,娶个好老婆,生个可爱的小孩。"简单而直白。

有一对来自贵州的贫穷的夫妻,男人蹬人力三轮,女人在街上做零活,刮风下雨,他们都要出去。他路过她呆的那个地方时,总是下车,递给她一块烤红薯或者一个红苹果,两个人相视一笑,然后再去做活。

他们都离乡背井来到这里,和家里说外面的活好干、钱好挣,他们给家里写信,说这个城市真漂亮,而且他们还能去麦当劳吃上一顿——其实他们根本就没有去过。

当然,他们也理解不了这个城市里的人说的话,有一天他们看新闻,说一个单位的职工加班,吃了两天康师傅方便面,艰苦极了。他们就笑了,好几块钱一碗的方便面吃着,居然还说艰苦,他们舍不得吃方便面,只是吃一点挂面,放点香油和葱花调调味道,最奢侈的是买几个鸡架炖些汤喝。

来这个城市三年,他们没有吃过排骨,但他们写信给家里说,他们常常吃肉。

他们终于不再租房子,也有了一个小女儿,他们说,这幸福的日子还长着呢,于他们而言,所有的日子都是幸福,有的时候,穷人的幸福就是这么简单。

看完这则故事,我们不禁开始思考,快乐的概念到底是什么? 住大房子,高薪工作,但你觉得快乐吗? 你是否还常常抱怨还没有车子开,抱怨上班太忙,抱怨这个城市的空气不好,人有多势利,总之,你的抱怨总比快乐要多得多。

有一位国王终日闷闷不乐,为了解除他的心病,大臣们遍访名医。

选择生活中的乐趣

一位智者献计说："只要找到世界上最快乐的人,把他的衬衫脱下来给国王穿上,国王就会高兴起来。"

于是,国王立刻下旨寻遍全国各地,找一个最快乐的人。不久他们就发现,这世界上快乐的人可真少。富人们衣食充足却无所事事,倍感无聊;智者们思虑过多;美人们日日担忧年华老去。最后,他们终于在柴草堆上找到了一个快乐地唱着歌的年轻人,可是,当他们遵照国王的旨意决定脱去他的衬衫时,却发现他竟穷得连衬衫也没有。

世界上有这样一种情绪,它并不因为人们财富的多寡、地位的高低而增减,全部的奥秘只在内心,那就是快乐。世界上有这样一种财富,它简单易得却又千金难求,任谁也无法将它夺走,那就是快乐。

生活中,我们应该以平和的心态对待生活,以乐观的态度对待人生,这是穷人教会我们的,他们穷吗? 不,穷的只是物质,在精神世界里,他们一直是富翁。

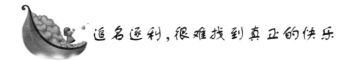

追名逐利,很难找到真正的快乐

快乐是一门学问,也是一门艺术。不懂得快乐的内涵,就很难找到真正的快乐。长时间以来,人们总是把名和利当作快乐,然后拼命地追求名和利,甚至付出了快乐和生命的惨重代价。

据医学调查表明,越来越多的都市"白领",特别是从事保险、IT等竞争性较强行业的人,易患不同程度的抑郁症和焦虑症。主要表现为情绪低落,悲观失落;终日不明原因地惊慌暴躁。

出现这种现象的主要原因是"白领"阶层大多工作压力大,且在职业领域里对手间存在利益和功利的竞争,故而无法建立彼此的信任,很多人因此难以找到归属感,进而觉得孤独、寂寞。另外,生活中的假日增多,独自居住在公寓的人也不断增加,如此一来,很多人便开始抱怨他们不知如何打发寂寞的时间,更无法忍受孤寂的痛苦。

杨老师给一个保险公司做培训时,问一位年轻、漂亮的小姐,你给自己的成功下一个什么样的定义时,她回答说:"杨老师,我感觉到有钱就是成功。"杨老师问她 100 万够不够,她说够了。接下来杨老师让她想象自己已经是一个百万富婆了,然后把她关在一个房间里,里面有贵妃床,所用的东西都是世界一流的,同时也将 100 万放在她身边。饿的时候,一按电钮,就会有山珍海味来到面前,渴了的时候,就会有最好的饮品。我问她这样地过一生好不好。她立刻站起来说:"不好。"在场的人都吓了一跳。我问她为什么,她说:"我宁愿不要这些钱,也不愿这样过一生,那将会让我的人生失去意义。"

人们追求财富,其实真正要的并不是钞票本身,而是得到这些钞票给他带来的感觉。是成了百万富翁、千万富翁后被人尊重的感觉,一种有钱后随心所欲的感觉,那种成就事业的感觉。

时下,经常听到有人说自己穷得只剩下钱了。他们切身地感受到了金钱没有买来自己真正想要的东西,没能给他们带来想要的快乐。

人如果通过自我修炼,找出生命的价值,创造财富,并正视金钱,利用金钱来为社会做一些有意义的事,那么人生一定会幸福、快乐。

成功的人生,除了金钱的富有外,还应该有许多其他方面的富有。

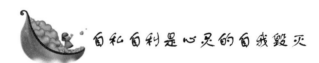

自私自利是心灵的自我毁灭

私心是万恶之因,也是万错之源。它使自我只求满足一己之私利,片面追求自我的名誉和地位,而置他人的利益甚至生命于不顾;它使大团体为迎合小团体成员的狭隘名利之心,而置社会整体利益于脑后。

自私自利的人脑子里只是满装着自己,他们不会爱别人,更不懂得为别人而付出。他们总是认为自己是这个世界的中心,外在的一切都是他自己的一部分。因而,他们不愿奉献,因为这无异于从他们身上割肉。

从前，有两位很虔诚、很要好的教徒，决定一起到遥远的圣山朝圣。两人背上行囊，风尘仆仆地上路，誓言不达圣山朝拜，绝不返回。

两位教徒走啊走，走了两个多星期之后，遇见一位白发苍苍的圣者。圣者看到这两位如此虔诚的教徒千里迢迢去朝圣，十分感动地告诉他们："从这里距离圣山还有十天的脚程，但是很遗憾，我在这十字路口就要和你们分手了，而在分手之前，我要送给你们每人一件礼物！不过你们当中一个要先许愿，他的愿望会马上实现；而第二个人则可以得到那愿望的两倍。"

其中一个教徒心里想："太好了，我已经想好我要许什么愿了，但我不能先讲，那样的话太吃亏了，应该让他先讲。"而另一个教徒也有怀有这样的想法："我怎么可以先讲，让他获得两倍的礼物。"于是，两个教徒就开始假装客气地推让起来。"你先讲！""你比我年长，你先许愿吧！""不，应该你先许愿。"两人彼此推来让去。最后两人都不耐烦起来，气氛一下子变得紧张起来。"你干嘛呀？""你先讲啊！""为什么你不先讲而让我先讲？我才不先讲呢！"

到最后，其中一个气呼呼地大声嚷道："喂，你真不识相、不知好歹，你再不许愿的话，我就打断你的狗腿，掐死你！"

另外一人见他的朋友居然和自己变脸，而且还恐吓自己，于是想，你无情来我无意，我没法子得到的东西，你也休想得到。于是，他干脆把心一横，狠狠地说道："好，我先许愿！我希望……我的一只眼睛瞎掉！"

很快地，这位教徒的一只眼睛瞎掉了，而与此同时，他的朋友双眼也立即瞎掉了。

本是一件皆大欢喜的事，因为两人的自私而成了悲剧。自私者企图拥有整个世界，结果却输掉了一切本应属于他的东西，反而变得更加贫穷了。都是自私惹的祸！

因此，罗素说道："我的快乐日益剧增，一部分是因为我终于成功地驱除了某些根本不可能的欲望。但更大的原因，还应归功于心灵中逐渐减少了对自我的关心。"

生气是拿别人的错误惩罚自己

生气是拿别人的错误惩罚自己。然而真正做到不惩罚自己的人又有多少？除了和尚，不生气真的好难啊。走在路上被人泼了水，也不知道是什么水。虽然他一个劲地道歉，你也明白人家不是故意的，可是看着自己湿漉漉的衣服，还是忍不住抱怨：真可恶，怎么这么倒霉？于是一整天都在想这件事，又后悔不已：早知道就早点出门，或晚点出门。总之，到头来还是在生自己的气。现在想一想，真是不值得，反正被泼了就泼了，再怎么抱怨、后悔都没用，衣服还是湿的。那么倒不如这样想，也许我穿这件衣服不好看呢，不是常说遇水则发吗？这样一来，快乐指数就上来了，回家换件衣服，重新开始新的一天。宽恕了他人，宽恕了这件事，不等于宽恕了自己吗？为什么要为了一件已经无法挽回的事而破坏自己一天的情绪，浪费24小时呢？

过失，尤其是我们对过失的自我谴责和反省，是更有意义的。当一个人下决心接受截肢手术时，他一定不再把他的残肢视为值得保留的躯体的一部分，而是把它当做多余的、对生存形成威胁的、必须舍弃的废物。在面部整容手术中，没有部分的、试验性的或折中的治疗手段，疤痕组织必须完全地根除，伤口才能彻底地愈合，对伤口要给予特殊保护，以确保面容的每一个细胞都得到恢复，使脸部像受伤前一样。医疗上的根除并不困难，困难是乐于无保留地消除精神上沉重的债务。难以宽恕自己是因为我们往往从自我谴责中寻找一种安全感，通过保护自己的伤口获得一种反常的病态的乐趣。只要谴责他人，我们就会产生居高临下的优越感。自我谴责给人带来的是一种虚幻的满足。

做到不生气并不难。心理医学研究表明，一个人心情舒畅，精神愉快，中枢神经系统处于最佳功能状态，那么这个人的内脏及内分泌

活动在中枢神经系统调节下处于平衡状态,使整个机体协调、充满活力,身体自然也健康。

在生活的不幸面前,应保持冷静的思考和稳定的情绪,遇事冷静,客观地做出分析和判断。

要多方面培养自己的兴趣与爱好,如书法、绘画、集邮、养花、下棋、听音乐、跳舞、打太极拳等,从事这些活动,可以修身养性,陶冶情操。

对自己要有自知之明,遇事要量力而行,适可而止,不要好胜逞能而去做力不从心的事。

不要过于计较个人的得失,不要为一些鸡毛蒜皮的事而动辄发火,愤怒要克制,怨恨要消除。

快乐就在你的身边,不要拿别人的错误惩罚自己,让自己过得不舒心。

当你觉得那些糟糕的事情让你心情不佳时,会不会觉得生气才是最佳的发泄方式呢?而且也已经习惯这种方法了呢?可是动不动就生气还会导致一个直接的后果,那就是——它会损害你的健康!

古时有一个妇人,特别喜欢为一些琐碎的小事生气烦恼。她也知道自己这样不好,便去求一位高僧为自己谈禅说道,开阔心胸。

高僧听了她的讲述,一言不发地把她领到一座禅房中,落锁而去。

妇人气得跳脚大骂。骂了许久,高僧也不理会。妇人又开始哀求,高僧仍置若罔闻。妇人终于沉默了。高僧来到门外,问她:"你还生气吗?"

妇人说:"我只为我自己生气,我怎么会到这地方来受这份罪?"

"连自己都不原谅的人怎么能心如止水?"高僧拂袖而去。

过了一会儿,高僧又问她:"还生气吗?"

"不生气了。"妇人说。

"为什么?"

"气也没有办法呀。"

"你的气并未消逝,还压在心里,爆发后将会更加剧烈。"高僧又离

开了。

高僧第三次来到门前，妇人告诉他："我不生气了，因为不值得气。"

"还知道值不值得，可见心中还有衡量，还是有气根。"高僧笑道。

当高僧的身影迎着夕阳立在门外时，妇人问高僧："大师，什么是气？"

高僧将手中的茶水倾洒于地。妇人视之良久，顿悟。叩谢而去。

何苦要气？气便是别人吐出而你却接到口里的那种东西，你吞下便会反胃，你不看它时，它便会消散了。气是用别人的过错来惩罚自己的蠢行。

气死我了，气死我了……

想想看，我们的生活中有多少人遇到不顺心的事会这样说呢？你也是这样爱生气、容易暴怒的人吗？是不是经常为了一点小事就大动肝火，甚至气得脸红脖子粗、全身发抖呢？

根据美国心脏协会发行的《循环》杂志中指出，暴躁易怒的人心脏病发作或是突然暴毙的几率，比冷静、不易生气的人高出两倍以上。

由马里兰大学的心理学家阿恩沃尔夫·西格曼领导的一个研究小组对 101 名男性和 95 名女性进行了研究，其中包括 44 名已经确诊有心脏病的人和 99 名没有得心脏病的人。研究包括测量每个人在运动之后心脏的血流量。

研究结果表明，与没有统治欲和性情平和的人相比，有统治欲的人得心脏病的风险会增加 47%，易怒的人得心脏病的风险会增加 27%。

研究还发现，不善于表达自己愤怒的女性，更容易得心脏病。而倾向于淋漓尽致地表达自己气愤的男性，也更容易得心脏病。这就说明，无论是男性还是女性，如果他们经常发怒，便容易得心脏病。

研究人员同时表示：这项研究具有相当的重要性，因为如果长期处于情绪不佳、易动怒的情形之下，对于身体健康，更是有绝对性的负面影响。

选择生活中的乐趣

虽然本研究并没有明确指出高血压与心脏病之间的关系，但可以确定的是：血压正常而容易生气的人，他们罹患心脏病的几率比其他人高，相对地也增加了危险性。

中国传统医学也认为生气有损健康。《黄帝内经》也明言告诫："怒伤肝。"肝在生理功能上的作用举足轻重，不仅能分泌胆汁，调节蛋白质、脂肪、碳水化合物的新陈代谢，而且有解毒、造血和凝血的作用。

怒伤脑。气愤之极，可使大脑思维突破常规活动，往往做出鲁莽或过激举动，反常行为又形成对大脑中枢的恶劣刺激，气血上冲，还会导致脑溢血。

怒伤神。生气时由于心情不能平静，难以入睡，致使神志恍惚，无精打采。

怒伤肤。经常生闷气会让你颜面憔悴、双眼浮肿、皱纹多生。

怒伤内分泌。生闷气可致甲状腺功能亢进。伤心气愤时心跳加快，出现心慌、胸闷的异常表现，甚至诱发心绞痛或心肌梗塞。

怒伤肺。生气时的人呼吸急促，可致气逆、肺胀、气喘咳嗽，危害肺的健康。

怒伤肾。经常生气的人，可使肾气不畅，易致闭尿或尿失禁。

怒伤胃。气滞之时，不思饮食，久之必致胃肠消化功能紊乱。

看来，为一点点小事生气，代价也太大了吧？

看完这些医学常识后，原本正在生气的您气消了还是想继续生气呢？如果为了自己的健康着想，建议您，该收敛收敛自己脾气了！

夕阳如金，皎月如银，人生的幸福和快乐尚且享受不尽，哪里还有时间去气呢？

嫉妒只能让你得到短暂的快感

培根说："嫉妒能使人得到短暂的快感，也能使不幸更辛酸。"嫉妒

第二章 追问生活：什么偷走了我的快乐

是一种复杂的情绪,它认为别人往前走就是自身的后退,于是敬畏、屈辱、自卑、恼怒之情便纷至沓来,撕咬着人的心。这当然是难以忍受的。怎么办呢?最好的办法是寻出对方的短处来。实在寻不出来时,就想办法造个谣,拼着命把别人拉下来,因而心胸狭窄之人必然是自己长进了,就不允许别人长进;自己不长进,尤其不允许别人长进。

有嫉妒心的人,自己不能成就伟大事业,便尽量低估他人的伟大,使之与他本人相齐,或者用怀疑别人动机、诬蔑别人伪善的办法,来剥夺别人可敬佩的成就。于是,因嫉妒而产生的种种心态便表现出来:或消极沉沦,萎靡不振;或咬牙切齿,恼羞成怒;或铤而走险,害人毁己。嫉妒比坟墓更残酷。

巴鲁克说:"不要嫉妒。最好的办法是假定别人能做的事情,自己也能做,甚至做得更好。"记住,一旦你有了妒忌,也就是承认自己不如别人。你要超越别人,首先你得超越自身。波普曾经说过:"对心胸卑鄙的人来说,他是嫉妒的奴隶;对有学问、有气质的人来说,嫉妒却化为竞争心。"坚信别人的优秀并不妨碍自己的前进,相反,却给自己提供了一个竞争对手,一个榜样,能给你前所未有的动力。事实上,每一个真正埋头沉入自己事业的人,是没有工夫去嫉妒别人的。

不同的嫉妒心理有不同的嫉妒内容,但主要是在四个方面表现得尤为突出,这就是名誉、地位、钱财、爱情。有的还表现为一种综合性的笼统内容,即只要是别人所有的,都在其嫉妒之内。

以下为具体特征:

1.明显的对抗性。古希腊斯葛多派的哲学家认为:"嫉妒是对别人幸运的一种烦恼。"

嫉妒心理的对抗特征具有明显的攻击性,其攻击目的在于颠倒被攻击者的形象。甚至本来关系密切,由于嫉妒使道德天平倾斜。往往不看别人的优点、长处,而总是挑剔别人的毛病,甚至不惜颠倒黑白,弄虚作假。

2.明确的指向性。嫉妒心理的指向性往往产生于同一时代、同一部门的同一水平的人中间,主要是因为嫉妒心理是一种以极端自私为核心的绝对平均主义者。因为曾经"平起平坐"过,或是曾经"不如自己"过,如今成了"能干"者,使嫉妒者产生抵触和对抗。

3. 不断发展的发泄性。一般说来,除了轻微的嫉妒仅表现为内心的怨恨而不付诸行为外,绝大多数的嫉妒心理都伴随着发泄性行为。主要有三种方式:一种是言语上的冷嘲热讽;一种是行为上的冷淡,疏远被嫉妒者;一种是具体行为,或是攻击性强的行为。

4. 不易察觉的伪装性。由于社会道德的威力,嫉妒心理被大多数人所不齿,使嫉妒心理一般都不愿直接地表露出来,千方百计地伪装,企图使人不易察觉。如本来是嫉妒某人的某一方面,却不敢直言,故意拐弯抹角地从另一方面进行指责或攻击。

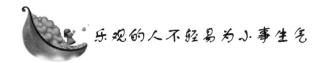

乐观的人不轻易为小事生气

生气会坏事。因为怒气就像炸弹一样,是有爆炸力的。和谐的生活就像一面镜子,如果你向镜子中投一块石头,随着刺耳的"哗啦"声,是镜子的破碎和狼藉。英文中生气是 anger,危险是 danger。生气与危险只有一个字母之差,若一味沉浸在气愤中,就站在了危险的边缘,稍有不慎就会坠入痛苦的深渊。

一个人活着,要知道自己想要什么,活得潇潇洒洒、坦坦荡荡,才能过上一种自信、快乐的生活,而想要过上这样的生活,就必须学会不生气。

在生活中,我们常常会看到这样一些人,他们往往会因工作中的一点问题,说出这样的话:

"凭什么让我受这种气,我不干了!"

"这个差事又苦又累,我不干了!"

"这样的处罚不公平,我不干了。"

可是,一句"我不干了"并不能改变你的境遇,也不能换回他人对你的尊敬,所以,碰到不顺心的事的时候,先要把那些倔气、怒气和傲气都收敛起来,再心平气和地思考下一步怎么办。

儿子狠狠地对父亲说:"天天加班不加薪,我要离开这家破公司,我恨这个公司!"

父亲听后建议道:"我举双手赞成。不过,你现在离开,还不是最好的时机。"

"为什么?"儿子很不解。

父亲说:"你应该趁着在公司的机会,多积累一些客户资源,当你拥有大批忠实客户的时候,你带着这些客户突然离开公司,这样,公司就会受到损失。"

儿子觉得父亲说的有道理,于是开始努力工作,半年后,他拥有了许多忠实的客户。

这时,父亲对儿子说:"现在时机到了,你可以辞职了。"

儿子淡淡地道:"不用了,老总和我谈过,准备让我做销售经理,我不离开了。"下来,并给他开了张100美元的罚单。

儿子愤愤地回到自己的卧室,见到家里的狗挡了自己的路,一时怒由心中起,一脚把狗踢得远远的。

狗惨叫着逃出门,一下子撞到一个人身上,被激怒的狗狠狠地抓了这个人一下。

这个人是谁?他就是詹姆士。詹姆士更加生气了,他觉得整个世界都在跟他作对,就连狗也跟他过不去。

很多时候,为一些小事计较,只会让自己更加生气。其实,惹詹姆士生气的不是狗,而是他自己。詹姆士觉得整个世界都在跟他作对,他不清楚的是,一旦他生气,他周围的一切都不会让他感到快乐。一个生性乐观的人,能够坦然地面对周围的一切,不轻易为小事生气。

被人踩了一脚,不妨一笑而过,因为在拥挤的时候,你也会不小心踩到别人,等了很久菜也没上来,你可以笑着催一下;有的人车开得慢,你从旁边绕过去就行了。生气,是对自己生活质量的一种摧残,它会使人一味地生活在抱怨和苦恼中。仔细想来,生气就是折磨自己,

42

只能徒增自己的痛苦,只会让自己坠落到更惨的深渊中去。因此,要心平气和地面对一切不顺心的事,并积极地使自己做得更好,用自己的乐观和智慧化解烦恼。也只有这样,一个人才能积极追求进步,每一天都过得充实而快乐。

痛苦的旋律也能演奏出快乐的音符

当生活不尽如人意时,不妨换一个角度看,痛苦的旋律中也能演奏出快乐的音符。其实,那些能用快乐的姿态诠释人生的人们,并不是命运青睐他们,而是他们懂得如何面对困境、如何从困境中解脱,并积极地苦中求乐。

生活在这个世界上,许多烦恼与痛苦是我们无法逃避的,但一味地沉浸在痛苦里,那就是自寻烦恼了。任何事情都有它的两面性,有好的一面,也有坏的一面。生活中,如果用积极、乐观的心态去面对问题,结果一定会好很多。时刻保持好的心情去面对周围的一切,这样才能发现生活的美妙之处。

一个闷热的夏天,牧师在一个大教堂里布道,由于闷热的原因,许多教徒昏昏欲睡。可是,有一位绅士看上去却精神抖擞。他腰背挺直,聚精会神地听着牧师讲道。布道结束以后,绅士显得很开心,有人问这位绅士:"先生,我们都在打瞌睡,你为什么能听得那么认真呢?而且还那么开心,看来你受益匪浅。"

绅士微笑着说:"哪里呀,说实话,听这样的讲道,我也很想睡觉。可我的想法是,我何不用它来测试一下自己的耐力呢?现在看来,我的耐力很好。我想,以这种耐心去面对工作中的困难,任何问题都能得到解决。我因此很开心。"

这位绅士就是英国首相格莱斯顿。

一位哲学家曾经说过:"一个人快乐与否,在于他看问题的角度,如果他站在忧郁的角度,就总能看到让自己忧郁的理由;如果他站在快乐的角度,也总能看到让自己快乐的理由。"

宋代诗人赵师秀描写梅雨时节时,说:"黄梅时节家家雨。"宋代诗人曾几描写梅雨时节时,说:"梅子黄时日日晴。"宋代诗人戴敏描写梅雨时节时,说:"熟梅天气半阴晴。"

面对同样的事物,三个人的观点却不尽相同,源于他们的心态不同:快乐时,清风明月、碧海蓝天;悲伤时,乌云密布、阴雨连绵。

面对同一事物,不同的人看法截然不同,这完全是因为他们看问题的角度不同。上面的事例就向我们说明了一个问题:让人快乐的,不是事物本身,而是我们看问题的角度和心态。

其实,那些能用快乐的姿态诠释人生的人们,并不是命运优待他们,而是他们懂得如何面对困境、摆脱困境,并积极地寻找快乐。

一块石头摆在两个人面前,第一个人把它当做跨越成功的垫脚石,有了它的铺垫,人生上升到一个新的高度,第二个人则把它视为绊脚石,从此停住追求的脚步。

面对困境,愚者会泥足深陷,不知所措而智者总能在困境中看到充满希望的一面,并能够达到"苦中作乐"甚至"以苦为乐"的人生境界。

悲与喜、幸与不幸就像是一个硬币的两面,转换的瞬间就可以改变你的心情。当拿起蜡烛看到只剩下一小截时,快乐的人会想"真好,还有半截可以用来照明呢";悲观的人则会想"唉,只剩下半截了,不够用啊";当你抱怨手机被偷不能联系客户时,不妨想"没有手机的日子也很不错啊,至少可以享受清静不被打扰的生活了"。这就是一种转换,它同样可以让人获得快乐。

学会换个角度看生活,生活就会呈现出潇洒、快乐的一面!借你一双慧眼,转到另一面去看世界,你会发现,原来生活到处都是美好和希望,你还有什么理由让自己不快乐呢?

选择生活中的乐趣

第三章　充实生活：充实生命，创造快乐

　　生活中有许多人悲叹生命的有限和生活的艰辛，只有少数人能在有限的生命中活出自己的快乐。既然如此，我们为什么不放纵一下自己，去做一些自己喜欢的、平时想做却没有做的事情，为自己的快乐而活呢？

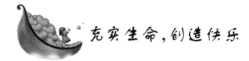充实生命，创造快乐

生活中有许多人悲叹生命的有限和生活的艰辛，只有少数人能在有限的生命中活出自己的快乐。既然如此，我们为什么不放纵一下自己，去做一些自己喜欢的、平时想做却没有做的事情，为自己的快乐而活呢？

生活中，每个人都应该为自己"找些快乐"。

一位富商花费巨资收藏了许多珍贵的古董、字画以及各种珍珠、翡翠等，为防失窃，他安装了严密的保安系统，平日里很少进去欣赏，只当成个人财富的一部分用来炫耀。

有一天，富商忽然心血来潮，决定让大厦清洁工进去开开眼界。

清洁工进去后，并未流露出艳羡之色，只是慢慢地逐一浏览，细细地欣赏。待步出厚厚的铁门时，富商忍不住地炫耀说："怎么样？看了这么多的好东西，不枉此生了吧？"

那个清洁工说："是啊，我现在感觉与你一样富有，而且比你更快乐。"

"怎么可能？"富商摇着头说道。

那个清洁工笑着答道："你所有的宝贝我都看过了，不就是与你一样富有了吗？而且我又不必为那些东西担心这担心那的，岂不比你更快乐？"

快乐不在于拥有多少，而在于感觉如何。只要有心去感受，快乐无处不在。生活的乐趣是对生命的热情，丧失这种热情，即使能像故事中的富商一样拥有很多的财富，也不一定能享受到生命的乐趣。

为自己的快乐而活，就要敢于接受挑战和考验，在困难中，依然精神抖擞，向着目标前进。在苦难中，不忘仰望苍穹，轻轻哼唱，感激阳光雨水，赞美它的神奇与无私。快乐和痛苦是一体两面，经受不住痛苦的考验,也就难以体会真正的快乐。

为自己的快乐而活,但不可自私。快乐是无私的,为别人带来一份快乐的同时,自己也能得到同样的快乐,而带给别人烦恼的同时,自己也会得到一样的烦恼。

为自己的快乐而活,应顺其自然,不能乐昏了头,快乐就像春风,可以让人感到舒适,过了头则会乐极生悲,拂面的微风就会变成极具破坏力的狂风。

为自己的快乐而活,是一种洒脱,是一种境界,是最为成功的人生。

快乐是人人都追求的一种精神享受,谁不希望自己心情快乐、谁不希冀自己过得幸福美好呢? 然而要获得幸福,我看必须自己学会创造快乐,因为快乐与否的感觉是操纵在每个人自己手中的。

创造快乐要学会放弃。放弃对名利的欲望,放弃对"平衡"的偏见,放弃那些影响你心境的东西,放弃不切合实际的希望。你就会发现一个真真的自我。古人说:"欲甚生烦""欲炽则身亡"。

做事情总要按实际情况循序渐进,不要总想一口吃个胖子。有人为金钱、权力、荣誉奋斗,可是,这类东西你获得越多,你的欲望也就会越大。这是一种无止境的追求。一个人发财、出名似乎是一下子的事情,而实际上并不然。因此,你应在怀着远大抱负和理想的同时,随时树立短期目标,一步步地实现你的理想。

创造快乐要学会"感激",因为感激之情能打开你与心灵深处的沟通之道,人有了感激就有了快乐。比如,感激生活,感激父母的培养,感激老师的教育,感激战友的帮助,感激部队的培养……心存感激,能给对方和自己带来一分温馨,构成一种贴心的感觉,进而获得良好的心境。

创造快乐要凡事朝好的方向想。有些想不开的人,在烦恼袭来时,总觉得自己是天底下最不幸的人,谁都比自己强。其实,事情并不完全是这样,也许你在某方面是不幸的,在其他方面依然很幸运。请记住一句风趣的话:"我在遇到没有双足的人之前,一直为自己没有鞋穿而感到不幸。"生活就是这样捉弄人,但又充满着幽默之味,想到这

些;你也许会感到轻松和愉快。

创造快乐就不把眼睛盯在"伤口"上。如果某些烦恼的事已经发生,你就应正视它,并努力寻找解决的办法。如果这件事已经过去,那就抛弃它,不要把它留在记忆里,尤其是别人对你的不友好态度,千万不要念念不忘,更不要说:"我总是被人曲解和欺负。"当然,有些不顺心的事,适当地向亲人或朋友吐露,可以减轻烦恼造成的压力,这样心情会好受一些。

创造快乐要学会欣赏。提前完成了工作任务;看了一本好书;看了一场好电影;看了一次美丽的日出;与朋友吃一顿愉快的晚饭;买了一件漂亮时装;受到老师的表扬或同学的赞扬……记住这些好事、快乐的事,时常温习这些好事、快乐的事,快乐的细胞就会在全身流动,你就会自己欣赏自己。

创造快乐是一种积极的人生态度,也是一种人生艺术。不管怎样,学会了创造快乐,你身上就会充溢着快乐的细胞,每天晚上都定能安安稳稳地睡觉,每天早晨都能兴致勃勃地迎接又一个平凡而充实的日子,生活中就会永远充满着灿烂的阳光。

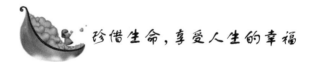

珍惜生命,享受人生的幸福

人身在世也是一种幸运,珍惜生命,享受人生这个过程则是最大的幸福,不必为昨天的失意而悔恨,也不必为今天的失落而烦恼,更不必为明朝的得失而忧愁。

有一个仁慈的国王,他总是不忍心处死自己的公民。终于他想了一个好办法,在一个死囚临刑前派人告知:如果能端着满满的一碗水跨过大山,穿过沙漠,最后再回到皇宫而且滴水不洒,国王就赦免他。死囚几乎想都没想一下便很快答应了。

离开皇宫的路,由800个台阶组成,死囚在一片议论声于起哄声

选择生活中的乐趣

中启程了。死囚的家属安静地看着他离去的背影,做好了安葬他的一切准备。

上山的路,崎岖不平,好几次死囚差一点葬身于悬崖。头发被风吹散了,衣服被山石刮破了,但一路上,他始终保持着一种姿势——双手紧紧扣着水碗。离开了险象环生的大山,死囚向沙漠的方向走去。沙漠里的太阳分外毒辣,裸露在外面的表皮退了一层又一层。滚烫的沙子几乎吸干了他身上所有的水分,干裂的嘴唇开始不断的往外淌血,但他的双眼从未离开过那只沉重的碗。

皇宫的大门敞开着,死囚终于回到了起点。人群沸腾了,国王也非常高兴,问他:"你怎么能做到滴水不洒呢?"死囚回答说:"我端的哪里是水,分明是我的生命啊!"

一碗水,如果在平常人的眼里,算不得什么。但对于一个生死攸关的囚犯来说,它的分量实在是太沉重了。整整一条路,容不得他有半点疏忽,容不得他有半点麻痹……

人生就像一个残酷的竞技场,对于一个人,特别是对于扮演着自己的角色在场上自由呼吸着生命的阳光得人而言,也许他并未体会到生命、自由的宝贵,而一旦一个人即将失去这些,除了自责与懊悔外,剩下更多的是加倍珍惜。

大学毕业,王磊留在了一家医院工作。那些被病痛折磨的哀痛声,随着声波穿入耳膜时,他的心在无助地沉痛。透过玻璃,望着那些对生命充满渴望、对医护充满信赖的目光时,他被深深的震撼着。虽然这里是全市最好的医院,但有时,尽管付出了一切,病魔还是会无情地带走无辜的生命。

生命这东西,是最坚强而又最脆弱的。有时它如钢铁,如磐石,可百折不弯,能九死一生,有时,它又脆弱得像一朵花,一片叶,经不住一股寒流、一场风雨的袭击。

杨柳枯了,有再青的时候;百花谢了,有再开的时候;燕子去了,有再来的时候。然而,一个人的生命窒息了,却没有再复活的机会。正如有这样一句话:"花有重开日,人无再少年。"

49

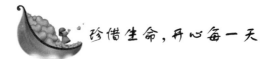珍惜生命，开心每一天

如今的社会中，有许多青少年因为男女朋友的抛弃而想不开，这种作法太不值得了，就算别人不要你了，你还有亲人朋友，最少你还有自己，至少你还有一条鲜活的生命。

6 年前，康以优异的成绩考上了一所重点大学，康准备大学毕业后，去外国留学；还希望能谈一场轰轰烈烈的恋爱……

去年准备考研究生期间，康明显感到自己体力下降，以前跑步时能一口气跑出 5000 米；现在才跑了几百米，就气喘吁吁地上气不接下气了……

康在教室突然晕倒。在医院里，康被确诊为"慢性粒细胞白血病"，而且除非奇迹出现、否则所剩时间不会超过 5 年。

唯一的希望就是进行骨髓移植。但医生说，兄弟姐妹的匹配率是 25%，父亲母亲的匹配率是 1‰，至于外人，可能性更小。

骨髓鉴定之后，父母的可能性首先被排除；希望较大的弟弟连夜从上海赶到北京，但同样不符的结果再一次把康推入了绝望的深渊。

康第一次感到死亡离自己是那样的近，甚至第一次听到了死亡急匆匆的脚步声。康感到前所未有的抑郁、难受、绝望。如果没有白血病，25 岁的康是幸运的。父亲是国家机关的干部，母亲是位教师，加上一个弟弟，全家人的生活过得平静而又温馨。可是，现在康孤单地躺在病房里，一边想着自己的理想和还未来到的爱情，一边安静地等待着死亡的临近。

以前，康和所有人一样，总认为过日子就是理所当然地朝前走，生命就像一列看不到终点的列车，引擎高歌，向前奔跑着。未来有大把大把的光阴，可以慷慨地让自己享受生活。但是，此时的他却真的不知道何去何从。

死亡,开始让康变得更加热爱思考,更加热爱思考生命的意义。

父母亲也仿佛一夜间老了几十岁。没有什么事情比孩子生命的行将就逝,带给双亲的打击更沉重的了。父亲和母亲都辞掉了工作,专心地守护着病中的康。坚强的父亲经常整夜未眠地陪伴着,让疼痛中的康可以握紧自己苍老而有力的手。

在不断地治疗过程中,康对自己自己的病情有了更深入的了解。由于国内的骨髓资源实在太少,许多白血病患者因为没能及时进行骨髓移植,正眼睁睁地等待着死亡的逼近。

康突然想:我为什么不能发动更多的人行动起来,来充实国家的骨髓库,来挽救更多不幸的患者呢? 想到这里,康的整个心灵被激情的光辉照耀着,并感觉到活下去的勇气和意义。

康开始为自己的计划而忙碌。他一再拒绝了父母给自己买滋补品,他希望他们能给他带来更多的医学书籍。通过学习,他了解到捐献骨髓不会给捐献者带来较大的伤害,人们的不支持只是来源于对相关医学知识的不了解和不熟悉。康决定用自己可数的生命去召唤更多有爱心的人。康开始给最熟悉的同学打电话。被深深感动的好朋友,都成了计划的支持者。碰到陌生人,康就不失时机地游说他们加入到捐助队伍中来。许多人因此而感动,不到一个月就有 70 多名捐献骨髓的人勇敢地作出了行动……

面对死亡的逼问,人们才领会到了生命的本质。在死亡面前,生命的平庸和蝇头小利的欲望才会变得黯然失色。人生最宝贵的是生命,生命对于我们每个人来说都只有一次,珍爱自己,珍惜生命,就是对生活负责,对爱我们的人最大的安慰!

不管什么人,只要去过火葬场,他的灵魂就一定会经受一次生死观的洗礼。参加一个亲人的葬礼,在火葬场的入口处有这样一幅标语:"昨天,我和你们一个样";而在出口处又有这样一幅标语:"明天,你们和我一个样"! 岂止是振聋发聩,简直是触目惊心;这两句简单的标语揭示了一个血淋淋的事实:千古归一死,圣贤无奈何。

哪个人的一生不是三灾八难的? 又有多少天灾人祸是我们无法

51

预料的？当灾难真的来临时,恐慌与萎靡都不是智者的选择,你所能做的只有认真过好剩下的每一秒。珍惜生命,开心每一天。

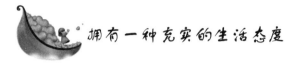

拥有一种充实的生活态度

每天走在上班下班的人潮中,面对拥挤的人流,徒生感慨:日复一日重复着同样枯燥的事情,面对索然无味的工作及生活,生命是否平淡得略显苍白了? 长此以往,生命的意义何在呢? 生命何时才有激情可言呢?

车尔尼雪夫斯基说过:"生活只在平淡无味的人看来才是空虚而平淡无味的。"贤者说得好,或许我辈正是如此吧! 在日复一日的忙碌中,我们忘记了给生命点燃一份热情,以至于把重复的事情看得索然无味,把吃饭、工作看成是一种负担。实际上,热情对于生命来说,是极其重要的。生活是船,热情便是帆。你可以没有金钱,但你不能没有精神;你可以没有权势,但你不能没有生活的热情。热情是世界上最大的财富,它的潜在价值远远超过金钱及权势。

艾青曾说过这样一段话:"假如人生仅是匆匆过客,在世界上彷徨一些时日。假如活着只求一身的温饱,和一些人打招呼、道安。不曾领悟什么,也不曾启示过什么。没有受人诽谤,也没有诋毁过人。对所看见的、所听见的、所触到的,没有发表一点意见。临死了,对永不回来的世界,没有遗言。能不感到空虚的悲哀吗?"的确,这种人生才是真正悲哀的人生,这种生命,不来也罢!

无论生命的旅程是一帆风顺,还是充满磨难都请拿出热情来点燃生命的航程吧。在风平浪静时,从容地打点生活;在激浪排空时,豁达地欣赏自我的生命的力量。

生活是美好的,生活的三棱镜折射出的七彩阳光更是美丽耀人的。让我们投入到生活的洪流之中,点燃生命的热情,这样,我们就会拥有一种充实的生活态度。我们就不会再把生活中的付出当作辛劳，相反，我们会忘记生活的艰辛，用旺盛的精力、充分的耐心和良好的状态去迎接每天的工作。时光飞逝，热情不减，有了这样的生活信念，抱定这样的生活态度，一切都将变得无比美好！

王蒙的《青春万岁》写得很美，让我们一同欣赏激动人心的诗句：

所有的日子，所有的日子都来吧

让我们编织你们，用青春的金线

和幸福的璎珞，编织你们

是单纯的日子，也多变的日子

浩大的世界，样样叫我们惊奇

从来都兴高采烈，从来不冷漠

眼泪、欢笑、深思，全是第一次

 想要享受人生，必须善待生命

有一个被父母遗弃的男孩，从小生活在孤儿院里。他常常因为自己的不幸而感到悲伤。他每次见到院长便会苦闷地问道同一个问题："像我这样没有人要的孩子，活着究竟有什么意思呢？"

院长总是笑而不答。

有一天，院长交给男孩一块石头，说："明天早上，你拿这块石头到市场去卖，但不是真卖，记住，无论别人出多少钱，都绝对不能卖。"

第二天，男孩带着石头来到了市场。他感到莫名其妙，院长交给自己的石头，很普通，甚至有点丑陋，他觉得只有傻子才会买到它。男孩郁闷地蹲在市场一个不起眼的角落里，然而让男孩感到意外的是有好多人要向他买那块石头，更奇怪的是，在他的一再拒绝下石头的价钱越涨越高。回到院里，男孩兴奋地把这一消息告诉了院长，院长笑了笑，没说什么，只是要他明天将石头拿到黄金市场去卖。

第三章　充实生活：充实生命，创造快乐

在黄金市场，男孩几乎压抑不住激动的心情，竟有人出比昨天高十倍的价钱买那块石头。当他把这一好消息再次告诉院长时，院长还是笑笑，并不作答。他让男孩明天把石头再拿到宝石市场上去展示。结果，石头的身价较昨天又涨了十倍，男孩没有忘记院长的叮嘱，无论人们出多高的价，他都不会将石头卖出去。这样一来，前来围观的人们越聚越多，慢慢地被人们传来传去，石头竟然变成了"稀世珍宝"。

男孩地捧着石头像捧着星星一样，兴冲冲地回到孤儿院，将发生的一切禀报给院长。院长摸着男孩稀疏的头发，徐徐说道："生命的价值就像这块石头一样，在不同的环境下就会有不同的意义。一块不起眼的石头，由于你的惜售而提升了它的价值，被说成稀世珍宝。同样道理，一条普通的生命如果你用心去珍惜，生命就有意义，有价值。"

当一个人的生活，过得没意思时，他就会不懂得珍惜自己，不懂得珍惜生命。男孩作为一个孤儿，他没有得到过父母的疼爱，所以他才会觉得活得没意思，他才会觉得自己在这个世界上是多么的虚无缥缈。但事实不是这样，对男孩来说正是因为没有人来疼爱他，他就应该更珍惜自己，有一句话是这样说的：靠别人还不如靠自己。没人爱并不代表就必须自我堕落、自我毁灭。

在这个世界上，我们还是要比男孩幸运一些。最起码，当我们陷入回忆时，常常会想起其实有许多爱我们的人，他们为我们的歌而歌，为我们的泣而泣，喜怒哀乐同我们一同感受。在这个世界上也有许多我们爱的人，我们愿意与他们分担一切，哪怕是他们的痛苦。

千万不要以为人生还长着呢。岁月长河中自然赋予我们人生旅途的时间，在岁月长河中仅仅是弹指一挥的瞬间。既然是瞬间，那就要好好把握，珍爱自己，珍惜生命。

人生短暂，生命存在时要懂得珍惜，不要等生命走到尽头时才倍加珍惜。人生与浩瀚的历史长河相比，可谓短暂的一瞬。权势是过眼云烟，金钱乃身外之物。我们只为活着而认真的活着。看山神静，观海心阔，心理平衡，知足常乐，达到善待人生的最高境界，才能真正快乐地享受每一天。

快乐和生命是最大的拥有

《读者》上曾经登载过这样一个故事:美国历史上最胖的好莱坞影星利奥·罗斯顿因演出时突然心力衰竭被送进汤普森急救中心。医务人员用尽一切办法也没能挽回他的生命。罗斯顿临终前喃喃自语:"你的身躯很庞大,但你的生命需要的仅仅是一颗心脏!"

作为一名胸外科专家,哈登院长被罗斯顿的这句话深深打动,他让人把它刻在了医院的大楼上。

后来,美国石油大亨默尔也因心力衰竭住进了这个急救中心。默尔工作繁忙,他在汤普森医院包了一层楼,增设了五部电话和两部传真机。当时的《泰晤士报》称这里为美洲的石油中心。

默尔的心脏手术很成功,但他出院后没有回美国,没有继续他的石油生意,而是住在了苏格兰乡下的一栋别墅中,并且卖掉了自己的公司。他被医院楼上刻着的罗斯顿的话深深打动。他在自己的自传中写道:"富裕和肥胖没什么两样,都不过是获得了超过自己需要的东西罢了。"

默尔是伟大的,他能及时醒悟,领悟到人生的真谛。现实生活中,又有多少人执迷不悟,任那欲望无休止地膨胀下去,以致让生命超载啊?人往往都是这样,只有面临生死抉择的时候才大彻大悟,才感到生命比什么都重要。

芸芸众生,能坦然面对生命的少,能舍弃名利的更少,生活中不乏看重名利胜于生死者。人只有打透生死关,才能看破名利的虚妄性。其实,生活未必都要轰轰烈烈,平平淡淡才是真。有的人认为,生命并不需要多彩多姿,只要宁静安详地过,这种人的生命就像一条清澈的小溪,慢慢地流。"云霞青松作我伴,一壶浊酒清淡心",这种意境不是也很宁静悠然,像清澈的溪流一样定于诗意吗?

生命在平淡中有平淡的美好,这是生活在激切中的人所渴求不到的。活得激切又如何呢?还不是一样要流向大海。只要有自己生活的境界,不见得要与别人共流。溪流虽小,载得动孩童的纸船,人生苦短,载不动太多的物欲和虚荣。生活本于平淡,归于平淡,而其中的热烈渴望或者痛心的失望是心灵的失落和迷茫。

苏东坡有诗曰:"古今如梦,何曾梦觉。"人生如月一场梦,生命中所有喜怒哀乐,所有荣华富贵,都不过是梦中之梦,何必执著不忍舍弃呢?生命是梦中最美的花朵,快乐和生命是我们最大的拥有,又何必乞求太多呢?

以一颗平常心来看待烦恼

我们偶尔会抱怨心里莫名的烦恼,这主要是因为我们的心中都打了或多或少的绳结,它们的存在使我们不能痛快地享受生活的乐趣,无法看到人生的美景。

聪明人都应该培养自己摆脱绳结的能力,这样才能使我们以一颗平常心来看待烦恼,进而摆脱烦恼。

古希腊的佛里几亚国王葛第士,以非常奇妙的方法在战车的轭上打了一串结。他预言:谁能打开这串结,谁就可以征服亚洲。一直到公元前334年,仍然没有一个人能成功地将结打开。

这时亚历山大率领军队入侵小亚细亚,他来到葛第士绳结的车前,毫不犹豫地拔剑砍断了绳结。后来,他果然占领了比希腊大50倍的波斯帝国。

另外有一个类似的故事。有一个小孩上山砍柴的时候被毒蛇咬伤了脚趾。他疼痛难忍,而医院却在很远的小镇里。孩子果断地用砍柴的镰刀砍断了自己的脚趾,然后忍着剧痛艰难地走到了医院。尽管他少了一个脚趾,但却用短暂的疼痛换来了自己的性命。

困扰我们的绳结不仅仅存在于我们的身边,也可能在我们的心中。

有一个年轻人从家里出门,在路上看到了一件有趣的事,正好经过一家寺院,便想考考老禅师。他说:"什么是团团转?"

"皆因绳未断。"老禅师随口答道。

年轻人听了大吃一惊。

老禅师问道:"什么事让你这样惊讶?"

"不,老师父,我惊讶的是,你是怎么知道的呢?"年轻人说,"我今天在来的路上,看到了一头牛被绳子穿了鼻子,拴在树上,这头牛想离开这棵树,到草场上去吃草,谁知它转来转去,就是脱不开身。我以为师父没看见,肯定答不出来,没想到你一口就说中了。"

老禅师微笑道:"你问的是事,我答的是理;你问的是牛被绳缚而不得脱,我答的是心被俗务纠缠而不得解脱,一理通百事啊。"

人活在世上只有短短几十年,却浪费了很多时间,总是去发愁一些一年之内就会忘记的小事。

坦然应付发生的事情,用乐观的心态面对,不因为它影响自己的心情,快乐生活每一天。

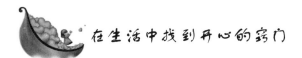

在生活中找到开心的窍门

没有什么能打败乐观的人,因为他总会在生活中找到开心的窍门。烦恼和快乐都是自己的感觉,但也仅仅只是自己的感觉。因此他才会轻而易举地找到快乐,甚至让烦恼也变得快乐起来。

英国有一个天生乐观的人,从不拜神,因此令神很不开心,因为神的权威受到了挑战。

他死后,为了惩罚他,神便把他关在很热的房间里,七天后,神去看望这位乐观的人,看见他非常开心。神便问:"身处如此闷热的房间七天,难道你一点也不辛苦?"乐观的人说:"待在这间房子里,我便想起在公园里晒太阳的日子,当然十分开心啦!"

神不甘心,便把这位快乐的人关在一间寒冷的房间。七天过去了,神看到这位快乐的人依然很开心,便问他:"这次你为什么会开心呢?"这位快乐的人回答说:"待在这寒冷的房间,便让我联想起圣诞节快到了,又要放假了,还要收很多圣诞礼物,能不开心吗?"

神不甘心,便把他关在一间阴暗又潮湿的房间。七天又过去了,这位快乐的人仍然很高兴,这时神更加困惑不解,便说:"这次你能说出一个让我信服的理由,我便不为难你。"这位快乐的人说:"我是一个足球迷,但我喜欢的足球队很少有机会赢。可有一次赢了,当时就是这样的天气。所以每遇到这样的天气,我都会高兴,因为这会让我联想起我喜欢的足球队赢了。"

神无话可说,只得让这位快乐的人自由了。

快乐由心生,即使别人找你的不自在,你仍然可以找到快乐的理由。

一个烦恼少年四处寻找解脱烦恼之法。有一天,他来到一个山脚下。见一片绿草丛中,一位牧童骑在牛背上,悠闲地吹着横笛、逍遥自在。

烦恼少年走上前去询问:"你能教我解脱烦恼之法吗?"

"解脱烦恼?嘻嘻!你学我吧,骑在牛背上,笛子一吹,什么烦恼就都没有了。"牧童说。烦恼少年试了试,不灵。

于是他又继续寻找。走啊走啊,不觉来到一条河边。岸上垂柳成荫,一位老翁坐在柳荫下,手持一根钓竿,正在垂钓。他神情怡然,自得其乐。

烦恼少年走上前去询问:"请问老翁,您能赐我解脱烦恼之法吗?"

老翁看了一眼面前忧郁的少年,慢声慢气地说:"来吧,孩子,跟我一起钓鱼,保管你没有烦恼。"烦恼少年试了试,不灵。

于是,他又继续寻找。不久,他遇到一位在路边石板上独自下棋的老翁,烦恼少年上前寻找解脱之法。

"哦!可怜的孩子,你继续向前走吧,前面有一座方寸山,山上有一个灵台洞,洞内有一个幽谷老人,他会教你解脱之法的。"老人一边说,一边自个儿下着棋。

烦恼少年谢过下棋老者,继续向前走。到了方寸山灵台洞,果然见一个长须老者独居其中。烦恼少年长揖一礼,向幽谷老人说明来意。幽谷老人微笑着摸摸长须,问道:"这么说你是来寻求解脱的?"

"对对对,恳请前辈不吝赐教,指点迷津。"烦恼少年说。

幽谷老人笑道:"请回答我的提问。"

"前辈请讲。"

"有谁捆住你了吗?"幽谷老人问。

"……没有。"烦恼少年先是一愣,而后回答。

"既然没有人捆住你,又谈何解脱呢?"老人说完,摸着长须,大笑而去。

烦恼少年先是一愣,继而顿悟:哦!是啊!又没有任何人捆绑我,我又何须寻求解脱? 原来,我心目中的烦恼是自找的,我是自己捆住了自己啊!

少年正欲转身离去,忽然面前成了一片汪洋,一叶小舟在他的面前荡漾。少年急忙上了小船,可是船上只有双桨,没有船夫。

"谁来渡我?"少年茫然回顾,大声呼喊着。

"请君自渡!"幽谷老人在洋面上一闪,飘然而去。

少年拿起双桨,轻轻一划,面前顿然成了一片平原,一条大道近在眼前。少年踏上大路,欢笑而去。

由于天灾人祸,村民们浮躁不安,闷闷不乐。村长召唤来一位精壮的小伙子,吩咐道:"听说终南山一带出产一种快乐藤,凡得此藤者,皆快乐永远、不知烦恼,你快去采来吧!"备足干粮,配齐鞍辔,小伙子策马扬鞭,一路风尘朝终南山飞驰而去。

在水草丰沛的终南山,小伙子发现一处藤萝缠绕的小屋,一位老师傅正不辞劳苦地工作着。他衣食简单,但仍然面挂喜色、不知疲倦。小伙子毕恭毕敬上前询问:

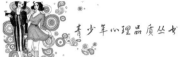

"师傅,这些藤萝能使您快乐吗?"

"当然。"

"可以送些给我吗?"

"当然。不过快乐不能仅凭借几株藤萝,关键是要具备快乐的根。"

"埋在泥土中的根吗?"

"不,埋在心中的根。"老师傅说。

这个故事正说明了快乐就藏在我们心中,如果舍弃了藏在心中的快乐藤,那就等于舍弃了你自己,把自己交给了悲伤,让别人左右了你的情感。

选择生活中的乐趣

第四章　微笑生活:别跟快乐过不去

　　如果我们整日愁眉苦脸地生活,生活肯定愁眉不展;如果我们爽朗乐观地对待生活,生活也一定以灿烂回报。所以,既然现实无法改变,当我们面对困惑、无奈时,不妨给自己一个笑脸,一笑解千愁。

笑是生活的开心果，是无价之宝

法国作家拉伯雷说过这样的话："生活是一面镜子，你对它笑，它就对你笑，你对它哭，它就对你哭。"如果我们整日愁眉苦脸地生活，生活肯定愁眉不展；如果我们爽朗乐观地对待生活，生活也一定以灿烂回报。所以，既然现实无法改变，当我们面对困惑、无奈时，不妨给自己一个笑脸，一笑解千愁。

笑不仅可以解除忧愁，还能提高人体免疫力，增强体质，治疗各种病痛。微笑能加快肺部呼吸，增加肺活量，能促进血液循环，使血液获得更多的氧，从而更好地抵御各种病菌的入侵。

生理学家巴甫洛夫说过："忧愁悲伤能损坏身体，从而为各种疾病打开方便之门，可是愉快能使你肉体上和精神上的每一现象敏感活跃，能使你的体质增强。药物中最好的就是愉快和欢笑。"

笑声还可以治疗心理疾病。印度有位医生在国内开设了多家"欢笑诊所"，专门用各种各样的笑："哈哈""开怀大笑""吃吃"抿嘴偷笑、抱着胳膊会心地微笑等等来治疗心情压抑等各种疾病。在美国的一些公园里都辟有欢笑乐园。每天有许多男女老少在那里站成一圈，一遍遍地哈哈大笑，进行"欢笑晨练"。

笑不仅具有医疗作用，在生活中它还能产生人们意想不到的作用。古代有个王子，一天吃饭时，喉咙里卡了一根鱼刺，医生们束手无策。这时一位农民走过来，一个劲地扮鬼脸，逗得王子止不住地笑，终于吐出了鱼刺。

雪莱说过："笑实在是仁爱的表现，快乐的源泉，亲近别人的桥梁。有了笑，人类推感情就沟通了。"笑是快乐的象征，是快乐的源泉。笑能化解生活中的尴尬，能缓解工作中的紧张气氛，也能淡化忧郁。一对夫妻因为一点生活琐事吵了半天，最后丈夫低头喝闷酒，不再搭理妻子。吵过之后,妻子先想通了,便想和丈夫和好,但又感到没有台阶可下,于是她便灵机一动,炒了一盘菜端给丈夫说:"吃吧,吃饱了我们接着吵。"一句话把正在生闷气的丈夫给逗乐了,见丈夫真心地笑了,她自己也乐开了。就这样,一场矛盾在笑声中化解开来。

既然笑声有这么多的好处,我们有什么理由不让生活充满笑声呢?不妨给自己一个笑脸,让自己拥有一份坦然:还生活一片笑声,让自己勇敢地面对艰难。这是怎样的一种调节,怎样的一种豁达,怎样的一种鼓励啊!

赫尔岑有句名言说:"人不仅要会在快乐时微笑,也要学会在困难中微笑。"人生的道路上难免遇到这样那样的困难,时而让人举步维艰,时而让人悲观绝望,漫漫人生路有时让人看不到一点希望。这时,不妨给自己一个笑脸,让来自于心底的那份执著,鼓舞自己插上理想的翅膀,飞向最终的成功;让微笑激励自己产生前行的信心和动力,去战胜困难,闯过难关。

清新、健康的笑,犹如夏天的一阵大雨,荡涤了人们心灵上的污泥、灰尘及所有的污垢,显露出善良与光明。笑是生活的开心果,是无价之宝,但却不需花一分钱。所以,每个人都应学会以微笑面对生活。

那么,今天你笑了吗? 没有的话,那么现在就让你的嘴角就往上翘一翘吧!

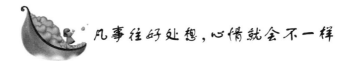

凡事往好处想,心情就会不一样

在一个小乡村中住着一对老夫妇,虽然他们的日子过得不富裕,但是他们每天都很快乐。

有一天,老夫妇想把家中的马拉到市场上去卖,看看能不能换点更需要的东西。对他们来说,这匹马可是他们最值钱的东西了。于是,老头子牵着马去赶集了。

第四章 微笑生活: 别跟快乐过不去

在集市上，老头子先用马换了一头母牛，接着又用母牛换了一只羊，再用羊换来一只肥鹅，又把鹅换成了母鸡，最后，换来换去，老头子的手里竟然只剩了一袋烂苹果。

在回家的路上，老头子遇到了两个人。他们听完老头子的经历后都哈哈大笑，说他回去后准会被他的老婆臭骂一顿。但是，老头子说他的老婆绝对不会骂他。

这两个人不信，就用一袋金币打赌，于是三个人一起来到了老头子家中。

老婆子见老头子回来了，非常高兴，她饶有兴趣地听着老头子讲赶集的经过。每当听老头子讲到用一种东西换了另一种东西时，她都对老头子充满了赞赏。她嘴里不时地说着："太好了，我们还有牛奶喝！""羊奶也很不错。""太好了，鹅毛真漂亮！""很好，我们有鸡蛋吃了！"

当听到老头子最后只换回一袋已经开始腐烂的苹果时，老婆子不仅没有生气，还大声说："今晚我们就可以吃到苹果馅饼了！"看到老婆子如此开心，老头子也高兴极了。

结果，那两个人输掉了一袋金币。

这对老夫妇之所以过得快乐，是因为他们对生活没有太多的计较，凡事能往好处想，这样他们就紧紧地抓住了快乐。所以，当我们"无"的时候，不妨想想"有"，人生的快乐，往往就是看到拥有而忽视缺少。

一个人要是没有乐观的心态，凡事总往坏处想，就会和快乐无缘。凡事往好处想，心情就会不一样。当你因悲观而感到焦虑时，不妨去想象一旦成功后的景象，你将很快化解焦虑与不安。如果在内心把事情的结果都想象得很坏，那你就会沉溺在痛苦之中不能自拔。

刘娟在一家合资公司担任公关部经理，最近一段时间她变得异常焦虑。

原来，公司精简人员，人事部正在制订裁员方案，因此在刘娟的脑海里，整天都是自己下岗后落魄的样子。她对丈夫说："我在这家公司

工作6年了，从最初的小职员到现在的公关部经理，我付出了很多努力。可是，现在公司遭遇了危机，决定裁员。我很害怕自己被裁掉，我

已经37岁了,再找工作肯定不好找,就算找到了,我又怎么和那些朝气蓬勃的年轻人竞争呢?"

这样没日没夜地想着最坏的结果,刘娟的精神状态越来越差,工作也经常出现纰漏,以至于耽误了公司一些很重要的会议,本来不在被裁之列的她,最后真的被裁掉了。

很多人都会遭遇到公司裁员,那么,你是不是也和刘娟一样,总是往坏处想呢?告诉你,在事情没有发生之前,不如认认真真地做好自己的本职工作,安安心心地过好每一天,这才是正道。

一天,一位农夫赶着马车过桥时,不小心连人带车都掉进了深水中。众人正在惊慌之时,突然看见农夫从水里冒了出来。大家忙伸手将他拉了上来。上岸后,农夫竟然哈哈大笑着说:"太好啦,太好啦"。大家惊奇不已,以为他被吓傻了。"掉进河里,车毁了,马也没了,连命都差点没了,你还觉得高兴,你没事吧?"有人好奇地问他。

"高兴,当然高兴!"农夫止住大笑,说,"从这样高的桥上掉到河里,我不仅没有淹死,而且还毫发无伤,难道不值得高兴吗?"

是呀,世上没有比活着更值得庆幸的事情了。只有明白这个道理,你的人生才会充满欢乐。因为你能看透生活的实质,能找到快乐的源头,所以,你是快乐的。卡耐基说过:"如果我们有快乐的思想,我们就会快乐;如果我们有凄惨的思想,我们就会凄惨;如果我们有害怕的思想,我们就会害怕;如果我们有不健康的思想,我们就会生病。"当你一味地去想最糟糕的结果,你自然不会开心快乐。但是如果你让自己的大脑运转在美好的事物上,那么,快乐就不会离开你。

第四章 微笑生活:别跟快乐过不去

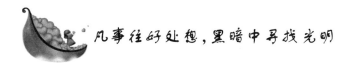

凡事往好处想,黑暗中寻找光明

我们生活中所遇到的每个问题都会在某个时间,由某个人,用某种方法给予解答的。

65

在这个科技不断发展、竞争白热化的时代,我们每个人随时都将面临被淘汰的局面。经济危机、就业危机使我们中的一部分人陷入了无限的焦虑,甚至是恐惧,这种情绪对我们心理施加了压力,进而导致了我们悲观绝望的心态。我们应当努力克服它,学会在黑暗中寻找光明。

生活中失败和挫折是难免的,问题的关键是当挫折和失败来临时,我们应该仔细地分析它,进而得到解决问题的方法。千万不要放大挫折,它未必如我们想象的那么糟,更不要把失败归结于命运,认为所有的挫折都是冥冥之中注定的。这样的话,在困难面前,我们会失去主动权而变得尤为被动。

人人都品尝过芝麻蕉,当提到芝麻蕉的时候,我们也许会不由自主地回味起它的香甜,但是否知道它的由来呢?下面我们一起分享一个化阻力为动力的故事,希望你能从中获得启发。

在美国的一个小镇,有一位在市场上卖香蕉的小贩,由于他人缘特别好,再加上他所卖的香蕉品质上乘,所以生意一直非常好。有一天,在市场的一个角落突然冒出了火苗,并四处燃烧起来,还好,消防车来得快,很快地把火扑灭了,所以火苗并没有烧到这位卖香蕉小贩的摊位。但是由于温度过高,隔了没多久那些香蕉的表皮上全都长满了一些黑色的小斑点,虽然肉质并没有变坏,但是看起来总是不雅,谁还会买来吃呢?

小贩眼看着就要亏本,心中十分懊恼,问题既然发生了,总是要解决的,他相信一定会有办法,所以就趁市场重新整修之际,他换了个地方继续卖香蕉,而原来那批有黑点的香蕉他想了一个法子来促销,结果竟然还销售一空了。

原来当他一筹莫展望着香蕉的时候,突然灵感闪现,他想香蕉上长满了黑色小斑点,远远看去就好像芝麻撒在香蕉上一样,既然如此,为什么不给它取个"芝麻蕉"的新名称呢?这样做结果引起了大家的好奇,大家相信这种香蕉一定是更香更甜,味更美,所以争相购买,成了畅销品。

通过这个故事,我们是否悟出这样一个道理:当我们在困境中如果能保持乐观的想法,那么,我们终究会获得解决困境的方法。如果我们只盯着当时不好的局面,让困惑笼罩,我们的问题不但不会得到解决,反而会更加恶化。当我们为没有鞋穿而苦恼时,有人已失去了脚,当我们为没有脚而痛苦时,也许有人连生命都失去了。

切记:凡事往好处想。

常在商店中见到一尊佛像,但这尊佛像与其他的佛像大异其趣。他光着大肚皮坐卧于地,咧嘴露牙地捧腹大笑,看起来特别具有亲和力及喜悦感。他便是"大肚能容,了却人间多少事;满腔欢喜,笑看天下古今愁"的弥勒佛。

弥勒佛之所以令人敬服的特质,就在于他的"豁达大度"。一件事有许多角度,如有好的一面,亦有坏的一面,有乐观的一面,亦有悲观的一面。就好比一个碗缺了个角,乍看之下,好似不能再用;若肯转个角度来看,我们将发现,那个碗的其他地方都是好的,还是可以用的。若凡事皆能往好的、乐观的方向看,必将会希望无穷;反之,一味地往坏的、悲观的方向看,定觉兴致索然。

一个小女孩只有3岁,晚餐时,每每执着汤匙要"自己来",但次次皆被母亲夺走,而母亲通常的回答是:"你还不会。"当有朋友造访她们家时,小女孩竟然说:"你帮我。"由此可见,孩子的热情被一而再、再而三地浇灭后,便容易产生依赖性。久而久之,将变成一个怕做错事而受嘲骂、缺乏自信的人,等到将来长大,自然会畏畏缩缩,没有勇气尝试突破困境。

凡事往好的方面想,自然会心胸宽大,也较能容纳别人的意见。宽大的心胸,不但可以使人由别的角度去看事情,更能使自己过上悠然自得的日子。

有一回,释尊的一位大弟子被一位婆罗门侮辱,但他对于婆罗门的辱骂只是充耳不闻,未予理会。因为他知道,一个会以辱骂别人来凸显自己的人,在个人的修养和品行上都有问题。婆罗门见到他无端被自己辱骂,不但没有生气,且微笑地答辩,真不愧是圣者,终于自知

理亏愤愤地离开了。

我们应该效法弥勒佛笑口常开的个性，并学习他用积极开朗的态度去解决一切问题。在这充满争斗的繁华世界之中，唯有以最自然无争的态度，并处处流露服务他人的意念，才能散发人性至真、至善、至美的光明面。

凡事往好处想，乐观对待生活

有些人始终对自己的生活不满意，总认为自己会运气太差。那么，这些人不妨读读这篇文章：

生活是极不愉快的玩笑，不过要使它美好却也不是很难。为了做到这点，光是中头彩赢了几十万元，得了"白鹰"勋章，娶个漂亮女人，以好人出名，还是不够的——这些福分都是无常的，而且也很容易习惯。为了不断地感到幸福，甚至在苦恼和愁闷的时候也感到幸福，那就需要：善于满足现状；很高兴地感到："事情原来可能更糟呢"，这是不难的。

要是火柴在你的衣袋里燃起来了，那你应当高兴，而且感谢上苍：多亏你的衣袋不是火药库。

要是有穷亲戚上别墅来找你，那你不要脸色苍白，而要喜气洋洋地叫道："挺好，幸亏来的不是警察！"

如果你的妻子或者小姨练钢琴，那你不要发脾气，而要感谢这份福气；你是在听音乐，而不是听狼嗥或者猫的音乐会。

你该高兴，因为你不是拉长途马车的马，不是寇克的"小点"，不是旋毛虫，不是猪，不是驴，不是茨岗人牵的熊，不是臭虫。

如果你不是住在边远的地方，那你一想起命运总算没有把你送到边远的地方去，你岂不觉着幸福？

要是你有一颗牙痛起来，那你就该高兴：幸亏不是满口的牙痛起来。

你该高兴,因为你居然可以不必读《公民报》,不必坐在垃圾车上,不必一下子跟三个人结婚。

要是你给送到警察局去了,那就该乐得跳起来,因为多亏没有把你送到地狱的大火里去。

要是你挨了一顿桦木棍子的打,那就该蹦蹦跳跳,叫道:"我多么运气,人家总算没有拿带刺的棒子打我!"

要是你的妻子对你变了心,那就该高兴,多亏她背叛的是你,不是国家。

依此类推……朋友,照着我的劝告去做吧,你的生活就会欢乐无穷了。

这篇文章原本是契诃夫对企图自杀者的进言。一般人看了以后都会忍俊不禁,幽默诙谐当中的确蕴含了丰富的哲理,寄寓了他对真诚生活的向往。

将这篇文章伸展开来,我们可以想:

如果虚度了今天,那么就暗自庆幸,还有明天,可以重新开始。

如果错过了太阳,不要流泪,不然就要错过群星了。

如果正在刮台风下雨的时候,我们正在街上,把雨伞打开就够了,犯不着去说:"该死的天,又下雨了!"这样说对于雨滴,对于云和风都不起作用。我们不如说:多好的一场雨啊!这句话对雨滴同样不起作用,但是它对我们自己有好处,同时也可以把快乐传递给别人。

深圳的一次"城市精英"培训班上,有一个公司的总经理在公众面前谈他的成功经验时说:"我其实没有什么成功经验。到今天为止,40多年来,我每天做的都是很平常的事情。每天我都按计划做我每天的事情,一件事情做完了,接着再做下一件事情。走到今天,应该说我对自己还是满意的,因为,我计划中的目标都实现了。我在深圳有自己的房子、车子、公司,最近又将父母接到了身边,我感到生活让我平实地走了过来,我对生活也充满着挚爱,我在生活中学会了平常的付出,而生活却给了我超常的回报。"

 生活再苦也要笑一笑

　　我们生活中的每一天都将会是一个非常积极的经历,这一天因为用于对成功的意义进行反思而成为倒计时进程的一个里程碑。今天,当我们对自己的变化感到高兴时,不妨拿出一点时间来为自己已经取得的成功庆祝一下。正如人们所说的那样:成功的意义不在于它的目标,而在于它的过程。在这个过程中,每一个前进的步伐都带有一份快乐。我们可以恶待每一天,但我们得不到什么;我们还可以善待每一天,并且我们可以得到许多。

　　说这一天是有意义的一天,并不表明我们是整天耽于乐观臆想的人,恰恰相反,我们是非常实际的人。这样说是因为,我们必须确定该如何看待自己的世界,因为我们明白即使是最惨痛的失败和最沉痛的经历,里面也蕴涵着有价值的教训。每一个失败都使我们更接近成功。如果我们能够学会对自己生活中发生每一件事情,无论是好的还是坏的,都得出正确的评价,我们就能够让自己每一天的生活愈加充实完美。这种生活态度激励我们不断地走向更大的成功。成功不是一件不得不久久等待的事情,不是一件只存在于遥不可及的未来的事情,成功存在于每一天前进途中的每一个能给我们带来欣喜的小小收获之中。现在就采取这样的生活态势,明白自己已经在许多方面获得了这样那样的成功。这会让我们感觉到无论自己选择什么样的成功之路都是有意义的,从而更有信心地接近自己的成功目标。

　　人生如同一只在大海中航行的帆船,掌握帆船航向与命运的舵手便是自己。有的帆船能够乘风破浪,逆水行舟,而有的却经不住风浪的考验,过早地离开大海,或是被大海无情地吞噬。之所以会有如此大的差别,不在别的,而是因为舵手对待生活的态度不同。前者被乐观主宰,即使在浪尖上也不忘微笑;后者是悲观的信徒,即使起一点风也会让他们胆战心惊,让他们祈祷好几天。一个人或是面对生活闲庭信步,抑或是消极被动地忍受人生的凄风苦雨,都取决于对待生活的态度。

一个人快乐与否,不在于他处于何种境地,而在于他是否持有一颗乐观的心。对于同一轮明月,在泪眼蒙眬的柳永那里就是:"杨柳岸,晓风残月。此去经年,应是良辰好景虚设。"而到了潇洒飘逸、意气风发的苏轼那里,便又成为:"但愿人长久,千里共婵娟。"同是一轮明月,在持不同心态的人眼里,便是不同的,人生也是如此。

二胡有两根弦,小提琴有四根弦。我国古代有七弦琴,"手抚七弦琴目送飞鸿"。国外乐器竖琴有十几根弦的,也有 30 根弦的,最多的有 36 根弦。这些弦相互配合才能使乐器发出和谐悦耳的音乐,一般来说,弦越多音乐效果越丰富。

但如果只有一根弦呢?

某著名音乐家在一场音乐会上演奏一首名曲,至半途,小提琴的弦忽然断了一根,这位音乐家没有中止他的演奏,而是用剩下的三根弦继续演奏。忽而又断了一根,这位音乐家一时性起,干脆自己扯断了第三根弦,只用唯一的一根弦演奏完了这首曲子,却博得了热烈掌声。

某剧团鼓手和琴师不和,某次重要演出前鼓手在琴上作了手脚,当剧情发展到高潮,琴师正以他炉火纯青的技艺演奏时,一根弦断了。琴师用唯一的一根弦继续演奏,并给观众以一种全新的具有震撼力的感受。琴师名声从此大噪,鼓手从相反的方向成就了一个名琴师。

上天不会给我们快乐,也不会给我们痛苦,它只会给我们生活的作料。调出什么味道的人生,那只能在我们自己。我们可以选择一个快乐的角度去看待它,也可以选择一个痛苦的角度,像做饭一样,我们可以做成苦的,也可以做成甜的。

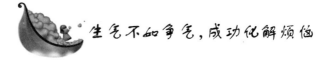
生气不如争气，成功化解烦恼

　　每个人都希望自己做得优秀，过得顺利。可是每当遇到生活中的烦恼与挫折时，有的人心浮气躁，甚至暴跳如雷，整天处于悲愤与怒火中，结果一事无成。相反，有的人却能心平气和地坦然面对一切，并积极地使自己做得更好，用自己的成功化解烦恼和忧愁。这是因为他们真正懂得生气不如争气的道理，也只有这样，一个人才能积极进步，每一天都过得充足而快乐。

　　生气有积极的表现方式，也有消极的表现方式。具有攻击性的生气表现包括殴打和大吼大叫。当人们以这种方式来表现生气时，他们的生气的对象可以直接看到、听到或感受到对方的情绪，它是易辨识，也是易把握的。但消极的生气表现却不易察觉，或者以难以捉摸的方式表现出来，它的危害性与危险性更大。压抑太久的情绪一朝爆发时，让你的心理变得不平衡是很容易的事。

　　一天，老王因旧病复发，儿子将他送到乡卫生院抢救。老王在昏迷中大小便失禁，儿子将脏裤子脱下，顺手扔到病房的角落里。老王恢复健康后，儿子将其接回家中调养。

　　有一次，老王突然向儿子要那条脏裤子，说里面有 300 多元钱。儿子好不容易在医院垃圾堆里找到那条裤子，但没钱。老王认为这钱被儿子偷走了，一气之下拔掉手上的针头，拒绝进食，任凭家人如何劝解也无济于事，每日只靠喝点井水维持。十天后，老王终于被饥饿活活折磨而死。

　　人在生气的时候是不理智的，因此作出的任何决定或者行为都是不明智的。怒气有时候会自己溜走，稍稍耐心地等一下，不必急着发泄，否则会惹出更多的怒气，付出更大的代价。

一味地抱怨生活，于事无补

如果你想抱怨，生活中一切都会成为你抱怨的对象；如果你不抱怨，生活中的一切都不会让你抱怨。一味地抱怨不但于事无补，有时还会使事情变得更遭。

有这样一个故事：画家列宾和他的朋友在雪后去散步，他的朋友瞥见路边有一片污渍，显然是狗留下来的尿迹，就顺便用靴尖挑起雪和泥土把它覆盖了，没想到列宾对他说，几天来我总是到这未欣赏这一片美丽的琥珀色。在生活中，当我们一直埋怨别人给我们带来不快，或抱怨生活不如意时，想想那片狗留下的尿迹，其实，它是"污渍"，还是"一片美丽的琥珀色"，都取决于你自己的心态。

抱怨，是一件随时都会发生的事情。早上起床晚了，抱怨的人会想"唉！又要扣工资了"，不抱怨的人会想"是不是我太累了，是该找个时间好好休息一下了"；路上走路，与别人撞了一下，抱怨的人会想"没长眼睛啊"，不抱怨的人可能根本就没意识到，最多会想"他也不是故意的"；到了公司，有个同事对面走过连个招呼也没打，抱怨的人会想"对我有意见？我还懒得理你呢"，不抱怨的人可能想都没想，最多会想"他也许想着做事，没留神"；工作上辛辛苦苦完成了一个任务，自认为无可挑剔，哪知交上去了才发现还有个小错误，抱怨的人会想"为什么事先没想到啊，真是白辛苦了"，不抱怨的人会想"我这么小心还是有疏漏，下次要吸取教训，要更加小心了"；喝口水呛着了，抱怨的人会想"怎么这么倒霉，喝水都要找我麻烦"，不抱怨的人会想"现在有点急躁了，沉稳一点"；吃饭咬到沙子，抱怨的人会想"谁洗的米，沙子都不去掉"，不抱怨的人会想"有沙子是正常的，怪我不小心没看到"；下班了，领导说大家留一下，晚上要开会，抱怨的人会想"又开会，怎么不在工作时间开啊？我女朋友的约会怎么办"，不抱怨的人会想

"原来这就是鱼与熊掌不可兼得也"：晚上回到家，累得不行，抱怨的人会想"为什么生活会这么累啊"，不抱怨的会想"又过一天了，今天还真有不少收获，现在马上好好休息，明天还要好好工作"……

为什么抱怨的人会活得这么累，因为他只看到了自己的付出，而没有看到自己的所得；而不抱怨的人即使真的很累，也不会埋怨生活，因为他知道，失与得总是同在的，一想到自己获得了那么多，他就会感到高兴。

没有一种生活是完美的，也没有一种生活会让一个人完全满意。如果抱怨成了做人的一个习惯，就像搬起石头砸自己的脚，于人无益，于己不利，生活就成了牢笼一般，处处不顺，处处不满；反之，则会明白，自由地生活着，本身就是最大的幸福，哪会有那么多的抱怨呢？

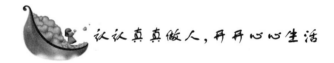

认认真真做人，开开心心生活

生活本身是一场大戏，做人也是一门艺术，专心做人，不让一日闲过，才能开心生活；快乐度过每一天，人生才会灿烂，鸟语花香。

英国女作家奥汀曾经说过："人生在世，还不是有时笑笑人家，有时给人家笑笑！"如果你对生活微笑，那么快乐便会成为你生活的格调，你的生命中便会充满幸福，你会感到生活的美好。生命的艺术在于取悦于人，在于令人赏心悦目，生命的意义和目的在于快乐。人类存在的总目标就是追求快乐和避免痛苦。

生命的艺术舞台只有喜剧和悲剧两种剧场，如果你选择喜剧，恭喜你，你将赢得人生的大奖 i 如果你选择悲剧，对不起，你将过早地被逐出艺术的殿堂。

如果你选择喜剧，你就要笑面人生，即使生活中困难再多，压力再大，也要以笑脸相待，而不能稍有不顺便拉长脸，眉头紧皱。当然，生活在这样一种嘈杂、苦恼的时代，人时常会因生存的压力而感到沮丧和低沉,即便是如此,悲观失望又有什么用呢?只能搞坏自己的心情,于事无补。

生命中不应有太多的悲观,快乐应该成为人生的主题。即使无法做到一生辉煌,也要想法天天精彩,天天有个好心情。只要以积极的人生态度面对生活,你就能做到这一切。写一幅画,种一株花,完成一项伟大的任务,一个快乐的休闲假日,都会让你感到人生的美丽。一切生命艺术舞台的道具,都掌握在自己手中,放在自己心里,只等着你去选择。

生命的艺术有精彩也平凡,如同上演的一幕幕戏剧,有的能赢得阵阵掌声,有的却是无人喝彩。有些人生的大戏即将谢幕,他们再也不能横刀立马,失去的往日的辉煌,但不让一日闲过的好心情,让他们照样活得生趣盎然,他们的人生大戏照样精彩。

拿破仑说:"每个人都要学习专心致志于自己的生活,以期待在自己的人生沙滩上留下足迹。"选好了人生的角色,我们就应该认真、专心地去演好,应该认认真真做人,开开心心生活。认真做人,可以帮助我们解决生活上的难题,让我们不会虚掷光阴。开心生活,可以让我们不虚此行。

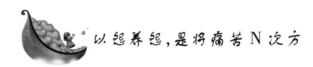

以怨养怨,是将痛苦 N 次方

有位心理学家做过一个调查,发现对于一个经常抱怨的人来说,抱怨的由头几乎随时随地都可以找到。比如:挤车时,有人不小心踩了或者撞了他一下,他立刻就会抱怨人家想找茬,上班时,老板就事论事地说了说他的毛病,他立刻就会抱怨老板太苛刻;吃饭时,传菜的服务生洒了几滴汤水在他的身上,他立刻就会抱怨人家不长眼睛……就这样,每时每刻,他都可以找出让他抱怨的事情。更为重要的一点是,他还把抱怨当成了和人谈话的一种形式,即便是在闲聊天气、交通状况、时事新闻、子女等问题的时候也是口若悬河,让人望而生畏,恨不得立刻逃走!

心理学家把这种现象叫做"以怨养怨"。有抱怨就会有痛苦。有些人因为抱怨而痛苦,再因为痛苦而抱怨,如此循环下去,一个抱怨会引起无数个抱怨,一个痛苦会衍生出无数个痛苦。所以,"以怨养怨"是将痛苦 N 次方,是将其放大了很多倍。

一场瓢泼大雨,把一座多年的老房子浇塌了一个角儿。

老房子的主人特别生气地跳到院子里,指着天空,破口大骂起来:"你个千刀万剐的老天爷,有眼泪没处洒了不是? 攒了这么多,一口气喷下来,把我的房子毁了,衣服湿了,粮食冲了,我没地儿住了,没东西吃了,你就心安了……"

正骂得起劲呢,住在隔壁的邻居出来了,安慰他说:"哎呀,算了算了,你跟老天爷计较,有用吗,它能听得见吗?"

"哼哼,它当然听不见了,要能听见还不羞愧得一头撞墙去死呀……"

"呵呵,这不就得了嘛!"隔壁的邻居继续开导他,"既然老天爷听不见,那你为何还白费劲儿呢? 倒不如赶紧找些人手来把房子修一修,然后坐在屋里把衣服烤烤,把粮食拾掇拾掇,免得再下雨又出什么意外!"

可是老房子的主人一跳老高:"不行,我非得好好骂一骂老天爷,把我害苦了……"说着,他又破口大骂起来。

就这样,他气呼呼地骂了好半天,就是不说修房子的事。结果,又一场瓢泼大雨下来,终于把整座房子给浇塌了。

明知道抱怨于事无补,但还是一个劲儿地抱怨而不去努力接受乃至改变,不但会凭空增添不少痛苦与烦恼,而且还会带来更大的损失。想想吧,如果生活中有两拨人:一拨很少抱怨,也很少说闲话。另一拨整天怨天尤人。如果要从两者中选择其一的话,你会选择哪一拨人去交往呢?

相信绝大多数人都会选择前者。原因也很简单:在充斥着牢骚的现实生活中,我们正需要一个"不抱怨的空间"!

不可否认,在现实生活中我们都会遇上一些令人恼怒的事情,控制抱怨并非易事,然而若让抱怨继续下去就会伤人害己。许多时候,一旦意气用事、率性而为,其后果将难以预料。所以说,陷入"以怨养怨"的恶性循环之后,喋喋不休的抱怨只会让你的生活更加糟糕。因此,必须想出一个调整情绪的办法并形成习惯,从而尽最大努力去控制自己的抱怨。

有一个小伙子,总对一些看不惯的人和事抱怨个不停。

一天,正当小伙子又大发雷霆的时候,他的父亲走了过来,拿给他一袋钉子,并且告诉他:"从现在开始,每当你抱怨的时候就钉一颗钉子在院子的围栏上。"

第一天,小伙子钉下 17 颗钉子;第二天,小伙子钉下 15 颗钉子;第三天,小伙子钉下 14 颗钉子……慢慢地,小伙子每天钉下的钉子越来越少,因为他发现控制自己的抱怨要比钉下那些钉子容易得多。

终于有一天,小伙子一颗钉子也没有钉下,他赶紧跑去找父亲,却听父亲说道:"从现在开始,只要你控制一次抱怨,就拔出一颗钉子。"

小伙子有些不解,但还是照着去做了。

过了一段日子,小伙子总算把钉下的所有钉子全都拔了出来。

这个时候,父亲笑了起来,说:"你做得很好,我的孩子,但是看看那些围栏上的洞吧,将永远也不能恢复到从前的样子了。你抱怨时所说的话,就如同这些钉子留下的疤痕,再多的对不起也无济于事。疤痕已无法抹去,伤痛也一样存在,且真实得让人无法承受。"

听到父亲的话,小伙子认真地点了点头。从此,再也听不到他的抱怨了。

如果你想控制并最终放弃抱怨,那么你就必须学会克制。试想一下,如果你能够把消极、负面的情况当成是积极、正面的机会,那么你就对自己的生活有了绝对的掌控权。

在这里,不妨按照心理学家说的那样"训练自己把半杯水看成是半满而不是半空"。通俗一点来说就是:不再问"为什么",而是开始

77

问"如何"。如果你注意一下自己抱怨时所说的话,你会发现,你经常这样说:"为什么我的父母不是富翁?""为什么老板没有让我晋升?""为什么我不能受到更多的培训?""为什么我没有做到?""为什么没人告诉我应该这样做?""为什么我就找不到一个与我相爱的人?"

所有这些"为什么"对你的影响很大,它们牢牢地控制着你的情绪,让你把很多的精力和时间都放在这样那样的抱怨之中。现在,你可以这样问自己:"我如何才能做到?""我如何才能让老板给我升职?""我如何能够不再痛苦?""我如何能够发挥自己的特长?""我如何把以往的经历变成一种优势?"当把"为什么"转变成"如何"之后,你就能够得到超出你想象的更有建设性、更富愉悦性的人生,当然你也会迅速地看到你的转变了。

从现在开始不要抱怨出身,不要抱怨环境。虽然无法改变生活,但是可以改变自己;虽然改变不了过去,但是可以努力改变未来。如果我们摆脱了"以怨养怨"的恶性循环,那么我们也就改变了生活。

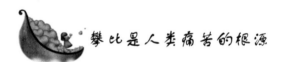

攀比是人类痛苦的根源

有这样一句话:"不看我所没有的,只看我所拥有的。"无论什么时候,不管你是卑微的小人物还是伟大的时代宠儿,都不要试图去和别人比个高低或是争个上下。要知道,"人比人,气死人"。

《牛津格言》中说:"如果我们仅仅想获得快乐,那很容易实现。但我们希望比别人更快乐,就会感到很难实现,因为我们对于别人的快乐的想象总是超过实际情形。"

事实上,攀比是人类痛苦的根源。农民羡慕白领有钱,白领羡慕农民清闲;当官的羡慕经商的,经商的羡慕当官的。人们总是觉得别人手里的牌比自己的好,总是觉得自己事事不如人。生活中,人们总是喜欢抱怨自己的不幸,对他人取得的成就则惊羡不已。

老胡总是在抱怨：

"小张都涨工资了，我却还在原地踏步，到哪儿说理去呢？"

"老高买新房子了，他和我一块进的公司，看看人家，再看看自己，唉……"

"隔壁阿明的孩子怎么就那么争气呢？看看自己的孩子，真是没办法……"

事实上，事情并不像他想的那样：小张根本就没涨工资，只不过是他爱面子吹牛罢了；老高买的新房子全靠贷款，刚刚买完房子房价就开始跌了；阿明的孩子并没有那么优秀，而他自己的孩子也不见得真的不争气……所以，很多时候，就像漫画大师朱德庸说的那样："我相信，人和动物是一样的，每个人都有自己的天赋，比如老虎有锋利的牙齿，兔子有高超的奔跑、弹跳能力，所以它们能在大自然中生存下来。人们都希望成为老虎，但其中有很多人只能是兔子。我们为什么放着很优秀的兔子不当，而一定要当很烂的老虎呢？"

很多时候，我们总是拿自己相对弱的一面与别人强的一面作比较，从而让自己产生强烈的挫败感，进而出现焦虑等情绪，觉得不快乐。看着别人有钱，嫉妒，看着别人有权，愤懑；看着别人有闲，羡慕，看着别人晋升，委屈……正所谓"越攀比，越:有气;越比较，越伤心"。

星期一早晨，大地房地产公司的销售部经理黄自强突然向总经理提出辞职。鉴于黄自强才华出众、业绩超群，总经理对他多加挽留，不但主动给他增加薪水，而且还承诺在短期内会给他升职。原本想跳槽的黄自强最终打消了辞职念头，留下来继续为公司服务。

这个消息很快传到了人事部经理吕晓军的耳朵里。吕晓军想，我也是个不可或缺的部门经理，不如向黄自强学习，总经理肯定也会给我升职加薪，以作挽留。

经过准备，吕晓军走进了总经理办公室，表示自己也想辞职。

不料总经理非常爽快地答应了，对他说："那好吧，既然你去意已决，我也不好强人所难。祝你前程似锦！噢，对了，请你尽快补交一份辞呈给我。"

第四章　微笑生活：别跟快乐过不去

原来，吕晓军一向表现不佳，业绩平平，鉴于他老实、听话，总经理虽然对他早有意见，但是一时间还真找不到适当的机会。这次他主动送上门来，总经理正好顺水推舟。

故事中的吕晓军弄巧成拙，不但没有像黄自强那样得到升职加薪的优厚待遇，反而连原有职位也丢掉了。由于他的盲目攀比才落得如此下场，跟别人攀来比去，你最后除了失望之外，还能得到什么？生活是自己的，只要让自己快乐、舒适就好，何必让有害无益的攀比损害自己的快乐呢？

人必须充分了解自己，并给自己找到一个准确的位置。如果做不到这一点，一味盲目攀比，从而做出一些不可理喻的事来，最终只能自尝苦果。

有人坦言，最害怕去参加同学会，因为现在的同学会简直就是"攀比会"：比事业、比地位、比房子、比车子、比银子……于是，越比越急、越比越累、越比越气，老实说这种烦恼都是自找的，放下攀比之心，就会少些怨气，生活也会轻松很多。

在现实生活中，却总有一些这样的"糊涂虫"。

两口子要离婚，签字前，调解员问："你们为什么要分开呢？"

"瞧人家，买了套二百多平的房子，超大的客厅、宽敞的露台、独立的卫浴，还有车子……瞧瞧我家这个窝囊废，什么也买不了。"妻子回答。

"哼，一天到晚就知道讽刺我，哪像人家的老婆，上得厅堂、下得厨房、温柔贤惠、精明能干，她差远了……所以我要和她离婚。"丈夫回答。

调解员无语了。就这样，总是羡慕别人，结果，两个人都活在不快乐中，也就越来越觉得生活糟糕透顶，最后只能分道扬镳。

很多时候，我们看别人的经历一般有两个目的：一个是从别人的经历里寻找自己的影子，一个是以别人失败的经历为借鉴让自己逃脱。于是，当在别人的拥有里找不到自己的影子或拽着别人的绳子没有从自己的困境中跳离时，就开始怨天尤人或者是破罐破摔。久而久之也就把生活当作了负担，觉得生活充满了痛苦。

比上不足，让这不足促使自己努力，才有可能成功，比下有余，让这有余给自己带来满足，带来快乐。所以，我们要学会正视自己，学会自我开释。只要退一步想，你就会发现，生活中的很多事情其实并不需要太在意。如果一定要在意，那你就在意怎么才能去除盲目攀比、自寻烦恼的心理。

柯阳的老板比他还小一岁，每年能赚几千万，与老板比起来，柯阳觉得自己简直像个要饭的。有一段时间，柯阳非常郁闷，都是人，都是那样工作，为什么差距就那么大呢？他一度觉得自己很无能，甚至快要到自暴自弃的地步了。

直到有一天，柯阳的大学同学聚会，才让他改变了这种想法。在同学们的眼中，柯阳是他们当中事业最成功的一位，不到 30 岁，房子、车子全都有了。与柯阳比起来，他的同学全都感叹自己还在温饱线上挣扎。

看到同学们的情况，柯阳又重新找回了自信。当然，他不是在贬低同学，而是他已经知道了以后用什么样的心态面对生活。从那以后，他工作更卖力了，面对每年赚几千万的老板心态也平和了。

周立波说："幸福是看出来的，痛苦是捂出来的。"我们总喜欢把别人表面的幸福和我们隐藏的痛苦做比较，结果我们的痛苦指数在不当的对比中又创新高。我们羡慕鸟儿的翅膀能飞，鸟儿又何尝不嫉妒我们的双腿能跑呢？与其用别人的幸福惩罚自己，还不如用自己的痛苦鞭策自己。人啊！越比越糊涂，越想越想不明白。"

81

第五章　感悟生活：有一种快乐叫放下

　　放下是一种觉悟，更是一种心灵的自由。只要你不把闲事常挂在心头，你的世界将会是一片风光霁月，快乐自然愿意接近你！

放得下，想得开，做个快乐的自由人

两个和尚一道到山下化斋,途经一条小河,两个和尚正要过河,忽然看见一个妇人站在河边发愣,原来妇人不知河的深浅,不敢轻易过河。一个年纪比较大的和尚立刻上前去,把那个妇人背过了河。两个和尚继续赶路,可是在路上,那个年纪较大的和尚一直被另一个和尚抱怨,说作为一个出家人,怎么背个妇人过河,甚至又说了一些不好听的言语。年纪较大和尚一直沉默着,最后他对另一个和尚说:"你之所以到现在还喋喋不休,是因为你一直都没有在心中放下这件事,而我在放下妇人之后,同时也把这件事放下了,所以才不会像你一样烦恼。"

放下是一种觉悟,更是一种心灵的自由。

只要你不把闲事常挂在心头,你的世界将会是一片风光霁月,快乐自然愿意接近你!

其实,生活原本是有许多快乐的,只是我辈常常自生烦恼,"空添许多愁。"许多事业有成的人常常有这样的感慨:事业小有成就,但心里却空空的。好像拥有很多,又好像什么都没有。总是想成功后坐豪华邮轮去环游世界,尽情享受一番。但真正成功了,仍然没有时间没有心情去了却心愿。因为还有许多事情让人放不下……

对此,中国台湾作家吴淡如说得好:好像要到某种年纪,在拥有某些东西之后,你才能够悟到,你建构的人生像一栋华美的大厦,但只有硬件,里面水管失修,配备不足,墙壁剥落,又很难找出原因来整修,除非你把整栋房子拆掉。

你又舍不得拆掉。那是一生的心血,拆掉了,所有的人会不知道你是谁,你也很可能会不知道自己是谁。

仔细咀嚼这段话,其中的味道,我辈不就是因为"舍不得"吗?

很多时候,我们舍不得放弃一个放弃了之后并不会失去什么的工作,舍不得放弃已经走出很远很远的种种往事,舍不得放弃对权力与金钱的角逐……于是,我们只能用生命作为代价,透支着健康与年华。不是吗?现代人都精于算计投资回报率,但谁能算得出,在得到一些自己认为珍贵的东西时,有多少和生命休戚相关的美丽像沙子一样在指掌间溜走?而我们却很少去思忖:掌中所握的生命的沙子的数量是有限的,一旦失去,便再也捞不回来。

佛家说:"要眠即眠,要坐即坐",是多么自在的快乐之道啊,倘使你总是"吃饭时不肯吃饭,百种需索,睡眠时不肯睡,干般计较",这样放不下,你又怎能快乐呢?

庄子云:"人生如白驹过隙。"哲人的结论难道不能使人有些启迪么?我辈何不提得起,放得下,想得开,做个快乐的自由人呢?

在生活中,我们无论如何也不能放弃希望,不能放下自己的尊严,更不能放弃做人的原则。也就是说必须放弃懦弱和苟且偷生,正如文天祥一样,放弃了荣华富贵,却达到了"留取丹心照汗青"的崇高境界;正如闻一多放弃了权势利诱,却成为了民族的英雄。正确地选择放下,才会获得快乐。

所以,学会放下,是放下那种不切实际的幻想和难以实现的目标,而不是放下为之奋斗的过程和努力;是放下那种毫无意义的拼争和没有价值的取索,而不是丧失奋斗的动力和生命的活力;是放下那种对金钱地位的搏杀和奢侈生活的创造,而不是失去对美好生活的向往和追求。

放下不是颓废,不是厌世,而是一门学问。人生在世,忙忙碌碌,疲于奔波,常常被强烈的欲望所驱赶,不敢停步,不敢懈怠。背上包袱越来越多,越来越沉,却什么都不愿放下,因此,当收获越来越多的时候,身心也就越来越疲惫。学会放下,是因为心灵的天空不能塞得太满,就像云朵太多就成了乌云密布,几朵白云飘曳才显出天空的美丽。

放下,是一种境界,是自我发展的必由之路。昨天的辉煌不能代表今天,更不能代表明天,过去的成就只能让它过去,只能毫不痛惜地放下。只有学会放下，才能卸下身上的负担，轻松上路，才能激发出新的力量，才会有新的收获。如果在奋斗的路上，遇到了烦恼，应该先暂时将烦恼放置一边，去做自己喜欢的事，等到心情平和后再重新面对。这是对痛苦的解脱，也是对愉快生活的接受。

学会了放下，才拥有一份成熟。一个人在成长过程中，会慢慢地发现他不得不放弃越来越多的东西，在不断地放下中，人才会变得更加沉稳豁达。学会放下，人生将向你展示另一种独特的美丽。

 贪婪让人丧失生活的乐趣

有座山，山里有一个神奇的洞，里面的宝藏足以使人一生享用不尽。但是这个山洞一百年才开一次。

有一个人无意中经过那座山时，正巧碰到百年难得的一次洞门大开的机会，他兴奋地进入洞内，发现里面有大堆的金银珠宝，他急忙快速地往袋子里装。由于洞门随时都有可能关上，他必须动作很快，并且要尽快离开。

当他得意洋洋地装了满满一袋珠宝后，神色愉快地走出了洞口，出来后却发现帽子忘在里面了，于是他又冲入洞中，可惜时刻已到，他和山洞一起消失得无影无踪。

故事很简单，却耐人寻味。

贪婪的人，被欲望牵引，欲望无边，贪婪无边。

贪婪的人，是欲望的奴隶，他们在欲望的驱使下忙忙碌碌，不知所终。

贪婪的人，常怀有私心，一心算计，斤斤计较，却最终一无所获。

古语说："人为财死，鸟为食亡。"人不能没有欲望，不然就会失去

前进的动力，但人却不能有贪婪，因为贪欲是个无底洞，你永远也填不满。前苏联教育家马卡连柯曾经说过："人类欲望本身并没有贪欲，如

果一个人从烟雾弥漫的城市里来到一个松树林里,吸到清新的空气,非常高兴,谁也不会说他消耗氧气是过于贪婪。贪婪是从一个人的需要和另一个人的需要发生冲突开始的,是由于必须用武力、狡诈、盗窃,从邻人手中把快乐和满足夺过来而产生的。"

一个穷人会缺很多东西,但是,一个贪婪者却是什么都会缺!

贫穷的人只要一点东西,就可以感到满足,奢侈的人需要很多东西也可满足,但是贪婪的人却需要一切东西才能满足。所以贪婪的人总是不知足,他们天天生活在不满足的痛苦中,贪婪者想得到一切,但最终两手空空。

有一则寓言:

上帝在创造蜈蚣时,并没有为它造脚,但是它们可以爬得和蛇一样快速。有一天,它看到羚羊、梅花鹿和其他有脚的动物都跑得比它还快,心里很不高兴,便嫉妒地说:"哼!脚愈多,当然跑得愈快!"

于是,它向上帝祷告说:"上帝啊!我希望拥有比其他动物更多的脚。"

上帝答应了它的请求。他把好多好多脚放在蜈蚣面前,任凭它自由取用。

蜈蚣迫不及待地拿起这些脚,一只一只地往身上贴去,从头一直贴到尾,直到再也没有地方可贴了,它才依依不舍地停止。

它心满意足地看看满身是脚的自己,心中暗暗窃喜:"现在,我可以像箭一样地飞出去了!"但是,等它一开始要跑步时,才发觉自己完全无法控制这些脚。这些脚噼里啪啦地各走各的,它非得全神贯注,才能使一大堆脚不致互相绊跌而顺利地往前走。这样一来,它走得比以前更慢了。

任何事物都不是多多益善,蜈蚣因为贪婪,想拥有更多的脚,结果却适得其反,脚却成了束缚它行动的绳索,代价可谓惨重。

第五章　感悟生活:　有一种快乐叫放下

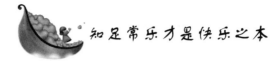

知足常乐才是快乐之本

一个人快乐与否，并不完全在于拥有的物质多还是少，只要有一个无欲无求的心态，就能够成为快乐的人。因为富足、奢侈的生活并不等于幸福、快乐的生活，如果我们整天沉迷在物质享受之中无法自拔，我们的人生就会像大海中失去航向的船，当别人都在扬帆远航的时候，我们却只能在原地打转，怎么能有快乐可言呢？所以，我们要看到，对快乐的追求，不要老是唯利是图、唯"物"是图，培养一个知足的心态，才能撷取快乐的果实。

安妮是一个非常富有的女人，在全国很多地方都有自己的房子，她戴名表，穿名牌，开豪华跑车，甚至还有属于自己的私人飞机，能够随时到世界各地度假，可她却坦白承认自己并不感觉快乐。

安妮说："我现在的生活是我以前梦寐以求的，甚至比我以前想象的还要好得多，可是我并不快乐，经常还会感到悲伤和空虚。财富居然不能够让我快乐！我真的不知道什么东西才能带来快乐。"

安妮为钱奋斗了一生，可是当她什么都有了的时候才悟出"有钱不一定快乐"。

有钱不一定快乐，很多人都明白这个道理，可是有多少人能摆脱名利的束缚？别再被钱财名利俘虏了，用一颗感恩的心对待生活，只有这样你才会感到快乐。

普拉格在《快乐是严肃的题目》一书中说道：人不快乐，是因为人本身出了问题。是啊，我们可以不年轻、不富有、不健康，但我们不能没有快乐的心。每个人都有权利也有能力让自己快乐起来，只要你放弃贪婪，学会感恩。

有很多父母在外拼命地挣钱，他们认为有了钱就可以满足孩子所有的愿望，孩子就会快乐。其实他们错了，给孩子的越多，孩子想要的就越多。作为父母不能一味地满足孩子的愿望,而要让他们学会满足,学会感恩,学会从心里说"谢谢"。教育孩子是这样,教育自己又何尝不是同样的道理呢?

有一个信徒周游世界,一天晚上他走进了街区的一条小巷里,在那里他遇见了一个生命垂危的乞丐。信徒拉着乞丐的手说:"你需要帮忙吗?我可以送你去医院。"

乞丐却说:"算了,已经没用了,我已经知足了。我喜欢唱歌,把音乐视为生命,我的愿望是唱遍全国的每一个角落,虽然我一无所有,但我实现了这个愿望,我已经别无所求了。现在我只想说,感谢神灵,它让我一生都很快乐,并让我用歌声养活了我自己。我的一生都在做我喜欢做的事情,现在我快要死了,但死而无憾。"

话刚说完,乞丐就死了。信徒很虔诚地将他埋葬,并为他祈祷。

后来信徒每到一处都给人们讲这个故事,并总结道:乞丐虽然不是一个腰缠万贯的富豪,可他从不缺少快乐,因为他有一颗容易满足的心。

是啊,人最有意义的活法就是做自己喜欢做的事。人类不快乐的最大原因就是欲望得不到满足、目标得不到实现。《笑傲江湖》里有一句话说得好:"莫思身外无穷事,且尽生前有限杯。"现在很多人的生活,丰衣足食已不成问题,甚至可以追求更高的精神生活,可我们却变得越来越不快乐。原因是什么呢?其实原因就是我们心存贪念,永远不知道满足。只有摆脱贪念,你才能有真正的喜悦、宁静和快乐。

从前,有一个农夫总是抱怨自己命运不济,既发不了财也当不了官,整日面朝黄土背朝天,因此,他终日愁眉不展。

一天,有个道士路过他家,道士看到农夫闷闷不乐,便问其原因。

农夫叹息着说:"为什么我总有这么多的烦恼?为何我既没有一技之长又一贫如洗?"

道士说:"年轻人,你明明很富有啊!"

农夫问:"富有?我除了烦恼什么也没有。"

道士微笑着问他:"那么,假如有人用一百两黄金换你20年的寿

第五章　感悟生活:有一种快乐叫放下

命;你愿意吗?"

"当然不愿意!"

"用五百两黄金换你的健康,你愿意吗?"

"不愿意!"

"用一千两黄金换你的生命,你愿意吗?"

"不愿意!"

道士大笑着说:"年轻人,到现在为止你至少拥有一千六百两黄金了,难道还不够富有吗?"

农夫一下子恍然大悟。

农夫的烦恼来自于未能真正认识到自己所拥有的财富,他只看到了自己缺少的东西,从未看到自己所拥有的。若能知足,则所有的烦恼都会消失殆尽。人要是没有一颗知足心,无论获得多少,进步多少,都不会快乐。所以,《佛遗教经》上说:"知足之法,即是富乐安稳之处。知足之人,虽卧地上,犹为安乐;不知足者,虽处天堂,亦不称意。不知足者,虽富而贫,知足之人,虽贫而富。"

虽然每一个人都在追求快乐,那什么才是真正的快乐呢? 告诉你,知足常乐才是快乐之本。知足吧,你还有家可归;知足吧,你还能吃饱穿暖;知足吧,你还年轻;知足吧,你还健康。倘若这一切都没有了,那也知足吧,因为你还活着。

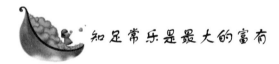

知足常乐是最大的富有

老子在《道德经》中说:"祸莫大于不知足,知足不辱,知足不殆,可以长久。"讲的是知足常乐的道理。孟子说:"养心莫善于寡欲:其为人也寡欲,虽有不存焉矣;其为人也多欲,虽有存焉寡矣。"说的也是知足常乐的道理。知足常乐,可以说为每个中国人所熟知,在现实中又有几人能做到这一点呢? 许多人不可谓不聪明,但却由于不知足,贪心过重,为外物所役使,终日奔波于名利场中,每日抑郁沉闷,不知人生之乐。

"人心不足蛇吞象",人的欲望是无止境的,如果任其膨胀,必将后患无穷。人有了贪欲,就永远不会满足,不满足,就会感到欠缺,高兴不起来。贝蒂·戴维斯在她的回忆录《孤独的生活》中曾写道:"任何目标的达成,都不会带来满足,成功必然会引新的目标。正如吃下去的金苹果都带有种子一样,这些都是永无止境的。"除非你真正懂得常乐的秘诀,否则将永远不会满足于自己所拥有的。

有一个人,偶然在地上捡到一张千元大钞,他因这笔意外之财,以后总是低着头走路,希望还能有这样的运气。

久而久之,低头走路成了他的一种生活习惯。若干年后,据他自己统计,总共拾到纽扣近四万颗,针四万多根,钱则仅有几百块,可是他却成了一个严重驼背的人,而且在过去的几年中,他没有好好地去欣赏落日的绮丽、幼童的欢颜、大地的鸟语花香。

不知足、贪心的可怕之处,不仅在于摧毁有形的东西,而且能搅乱你的内心世界。你的自尊,你所遵守的原则,都可能在贪心面前垮掉。

人的不知足,往往由比较而来。同样,人要知足,也可以由比较得到。人的欲望如同黑洞一样,没有填满的时候,如果任由其膨胀,则会为此生出许多烦恼。如果能多看一下不如自己的人,和他们比一下,而不是一味地和比自己强的人比较,那么一切不平之心也许就会安宁。我们不妨抱一种"比下有余"的人生态度。

有个故事说:有个青年人常为自己的贫穷而牢骚满腹。

"你具有如此丰富的财富。为什么还发牢骚?"一位智者问他说。

"它到底在哪里?"青年人急切地问。

"你的一双眼睛,只要能给我你的一双眼睛,我就可以把你想得到的东西都给你。"

"不,我不能失去眼睛!"青年人回答。

"好,那么,让我要你的一双手吧!对此,我用一袋黄金作补偿。"智者又说。

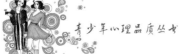
"不,我也不能失去双手。"

"既然有一双眼睛,你就可以学习:既然有一双手,你就可以劳动。现在,你自己看到了吧,你有多么丰富的财富啊!"智者微笑着说道。

故事教我们一个"退一步思维"的方法。生活中如能降低一些标准,退一步想一想,就能知足常乐。人如果能体会到自己本来就是无所欠缺的,这就是最大的富有了。真正的满足是内心的满足,而非物质的满足,物质是永远无法让人满足的。

知足者常乐,是一种对生命的淡然之美。懂得享受工作与享受人生的人最快乐,这种快乐来自于自知与自我价值的认同感。活在这个世界上,人与人之间每天都存在很多诱惑。我们一定要凡事循序渐进,量力而行;凡事把握有度,适可而止。

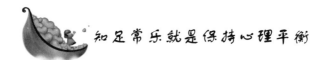

知足常乐就是保持心理平衡

谁都会有需求与欲望,但这要与本人的能力及社会条件相符合。每个人的生活都有欢乐,也有缺失,但不能搞攀比,俗话说"人比人,气死人","尺有所短,寸有所长"。心理调适的最好办法就是做到知足常乐,"知足"便不会有非分之想,"常乐"也就能保持心理平衡。

人的需求其实是很低的,但人的欲望却是无限膨胀的。人应该学会尽量满足自己的需求,而尽可能地抑制那无限膨胀的欲望。顺从自然的本心,去快乐地生活!"知足常乐"不应该只是说说……

有一户从农村来城里打工的人家,男人做的是城里人都不愿做的清洁工,每天的工作就是往垃圾站转运垃圾;女的刚来时怀有身孕,生了孩子后,就出去给人擦皮鞋。他们租住的房子,是一户人家在围墙边搭盖的简易厨房,房子很小,里面只能放下一张双人床。他们的家具都是别人丢弃的,根本就放不进房间里面,只能放在屋外。就连吃饭的桌子也没有,有了也没地方放,他们只能在屋外吃饭,有时将菜碗放在板凳上,有时干脆把炒菜的锅当菜碗用。

他们属于那种城市贫民,是城市里的边缘人,可是他们看上去没有一点愁苦的感觉。他们住的地方是宿舍大院的大门口,经常人来人往,那男的每天哼着小曲,忙进忙出,跟来来往往的人们打着招呼、聊着天,而且有求必应,特别的热心,也特别的快乐。他们觉得他们的需求已经得到了满足,所以,他们很知足。

这对夫妻的物质财富与那些腰缠万贯的比起来可谓是少之又少,可他们的快乐却比那些人多了许多。这是为什么?

其实人的实际需求是很低的,远远低于人的欲望。我们的房子再多再大,也只能在一间屋子里,一张床上睡觉;把世界上所有的山珍海味都摆在桌子上,我们也只能吃下胃那么大小的东西;我们的衣柜里挂满了各式各样的名牌时装,也只能穿一套在身上;我们的鞋子有无数双,也只能穿一双在脚上;我们的汽车有无数辆,也只能开着一辆在街上跑……

可是,人们追求物质享受的那种无穷尽的欲望,有时却使财富变成一种累赘。买了大房子还想买更大的房子,屋子装修了一遍又一遍,小汽车换了一辆又一辆,家具换了一套又一套,家用电器更新了一代又一代。不是因为别的,只是因为有钱,只是希望那些东西、那些身外之物看上去更气派、更豪华、更先进。

每个人都有选择自己生活方式的权利,这无可厚非。但如果让那无限膨胀追求财富的欲望,影响了我们的健康、我们的爱情、我们的婚姻、我们的家庭、我们的快乐,让我们整天为此疲于奔命,寝食难安,带给我们无限的烦恼,更有甚者,这种欲望变成了一种无法满足的贪欲,并促使有些人走上了犯罪道路,不仅毁掉了自己的一生,甚至还搭上了性命,那么这种生活方式对我们来说就太不值得了!

"一念之欲不能制,而祸流于滔天。"这是源于《圣经》的经典语句,世界其实很简单,钱本无善恶,钱能买到房子,但买不到家;钱能买到药品,但买不到健康;钱能买到床,但不能买到休息——钱不是万能的。

93

人生必不可少的东西其实是很少的。认识清楚了这一点,我们就可以活得从容一些,不那么忙碌,不那么心浮气躁。因为不管社会怎么发达,物价如何上涨,我们只要具备一颗平常心,只追求一种平常生活,做到一生衣食无忧,就是件很简单的事情。我们还可以腾出时间、精力来,有一些别的追求和享受。

荣华富贵如过眼烟云

汉武帝在位的时候,朝中有三位十分出名的大臣:汲黯、公孙弘和张汤。这三个人中,汲黯进京供职时,已经有很深的资历,而且官职也很高了。当时公孙弘和张汤还是很小的官,而且职位相当低。但这两个人被提拔得很快,后来公孙弘被拜为相国,而张汤也成了御史大夫,官职都在汲黯之上。

汲黯看到这两个曾经的小官,现在居然在自己之上,心里特别不服气。于是很想找个机会去找汉武帝评评理。

有一天,散朝以后所有的大臣都退了出去,汉武帝也正准备回宫。汲黯赶紧上前去对汉武帝说,他有话要讲。汉武帝问有什么事。

汲黯说:"农夫堆积柴草时,总是把先搬来的柴草放在底层,把后搬来的放在上面,不知道皇帝觉不觉得那先搬来的柴草太委屈?"

汉武帝一听就明白了汲黯的意思,但他故意想让汲黯自己说出他的想法。

汲黯看到汉武帝很是感兴趣,于是大胆地说:"公孙弘、张汤原来只不过是小官,无论是资历还是基础都远在微臣之后,但是现在他们都一个个后来居上,职位也比微臣高了许多,皇帝这样来提拔官吏和那堆放柴草的农夫有什么分别?"

汉武帝听了很不高兴,他觉得汲黯太不通情理了,于是什么话都没有说,拂袖而去。后来他对汲黯更加置之不理,而汲黯在官职上也

只能在原地踏步了。

汲黯把富贵看得太重了些,并不是上进的表现。

其实富贵是实现自己梦想的资源,它不过是个手段,而不是结果。如果谁拿富贵去当结果的话,以后肯定会后悔自己当初怎么会那么傻,傻到可怜和可悲。

一个人如果太爱富贵,那么就会被富贵控制住。

一个人追求富贵,应该不是为了享受,而是为了实现自己的一些想法,人总有些想法,如果在有生之年不能实现,临死的时候一定会十分遗憾,十分后悔。为了不遗憾、不后悔,人对富贵要有所追求。但是如果追求富贵会失去一些最基本的东西,比如自由和自尊,那么宁愿不要,否则到老的时候会有比遗憾更深一层的悔恨。

富贵不是根本的,富贵是重要的,但绝对不是最重要的。根本的东西是你的生存之本,而最重要的东西是你的追求。

茫茫宇宙,人只不过是沧海一粟。人生在世,不过百年,任何荣华富贵都是过眼云烟。不管你是伟人、高官,还是富可敌国,到头来都将化作一缕青烟,都将是黄土一杯。什么功名利禄、荣华富贵都是带不走的。

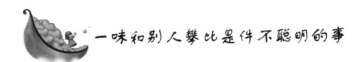

一味和别人攀比是件不聪明的事

一味和别人攀比是件不聪明的事,因为即便胜过别人,又会有"枪打出头鸟,出头的椽子先烂"的危险。古人云:"步步占先者,必有人以挤之;事事争胜者,必有人以挫之。"生活中也确实是这样,如果一个人太冒尖,在各方面胜过别人,就容易遭到他人的嫉妒和攻击;而与世无争者反而不会树敌,容易被人同情,所以说"人胜我无害,我胜人非福"。

某机关有一位小公务员,过着安分守己的平静生活。有一天,他

第五章 感悟生活:有一种快乐叫放下

接到一位高中同学的聚会电话。十多年未见,小公务员带着重逢的喜悦前往赴会。昔日的老同学经商有道,住着豪宅,开着名车,一副成功者的派头,这让这位公务员羡慕不已。自从那次聚会之后,这位公务员重返机关上班,好像变了一个人,整天唉声叹气,逢人便诉说心中的烦恼。

"这小子,考试老不及格,凭什么有那么多钱?"他说。

"我们的薪水虽然无法和富豪相比,但不也够花了嘛!"他的同事安慰说。

"够花?我的薪水攒一辈子也买不起一辆奔驰车。"公务员懊丧地跳了起来。

"我们是坐办公室的,有钱我也犯不着买车。"他的同事看得很开。但这位小公务员却终日郁郁寡欢,后来得了重病,卧床不起。

有一项调查表明,95%的都市人都有或多或少的自卑感,在人的一生中,几乎所有的人都有怀疑自己的时候,感到自己的境况不如别人。

这是为什么呢?潜藏在人心中的好胜心理、攀比心理是这一问题的根源。我们总把他人当作超越的对象,总希望过得比别人好,总拿别人当参照物,似乎没有别人便感觉不到自身存在的价值。于是,工作上要和同事比:比工资、比资格、比权力;生活上要和邻居比:比住房、比穿着、比老婆,就连孩子也不放过,成了比的牺牲品。既然是比,自然要比出个高下,比别人强者,趾高气扬;不如别人者便想着法子超过他,实在超不过便拉别人后腿,连后腿也拉不住者便要承受自卑心理的煎熬。

如果我们能持一种积极的态度去和别人比较,不如别人时便积极进取,争取更上一层楼;比别人强时便谦虚谨慎,乐观待人,岂不更好?

在一家公司当干事的老王,就是因为自己被少评一级职称,少长两级工资,便耿耿于怀,终日喋喋不休,有时甚至出口大骂,已发展到精神失常状态。朋友劝其想开些,他根本听不进去,不久得绝症去世了。细想起来,实在不值得。如果早早自我调节,看到人家事业有成时,如果自己从中看到了努力的方向,脚踏实地,好好工作,也许下一次涨工资的就是自己了。总之,如果能及时调整心态,结局就不会如此。

所以,人比人是不是气死人,就看我们怎么比,看我们能否调整自己的心态。

事实上,天外有天,人外有人,我们不可能在任何方面都比别人强,胜过别人。太要强的人,一味和比自己强的人比,结果由于心灵的弦绷得太紧了,损耗精神,很难有大的作为。雨果在《悲惨世界》中说:"全人类的充沛精力要是都集中在一个人的头颅里这种状况,如果要延续下去,就会是文明的末日。"俗话说,闻道有先后,术业有专攻。每一个人都有自己的特长,也都有自己的短处,一个人只要在自己从事的专业领域中有所成就便不虚此生。千万不要因看到别人的一点长处就失去心理平衡。每一个人把自己该做的做好是最重要的,最好不要与别人比高低。每一个人在这个世界上都具有独一无二的价值,就像人的手指,有大有小,有长有短,它们各有各的用处,各有各的美丽,我们能说大拇指就比小拇指好吗?

其实,最好的处世哲学还是不与人比,做好自己的事,每个人都有自己的生活方式,有自己存在的价值和理由,干吗要和别人比呢?如果心里难受,实在要比的话,倒不如把自己当作竞争对手,和自己的昨天比,这样既不会沾惹是非恩怨,自己还能更上一层楼,岂非自求多福?当然,比也并非是百害而无一利,它在形成竞争,推进社会前进中有不可磨灭的作用。现代社会是一个竞争的社会,如果大家都不争先,都去争"后",那么社会如何发展进步呢?

不要和别人攀比,他们有他们的生活,我们有我们的目标,幸福的形式是多样的,鞋子合不合脚,只有穿鞋的人知道,别人都是毫不知情的旁观者而已。同样的道理,别人的痛苦我们感受不到,我们看到的别人所谓的幸福极可能只是一种假想;一个住别墅的商人可能欠债百万,一个开奔驰跑车的企业家可能已经濒临破产,一对手挽手走进饭店的夫妻可能刚刚协议离婚……所以不要把自己的幸福定位在别人身上,实实在在地过自己的日子吧!

 欲望降低了，快乐就会来

　　人赤条条地来到这个世俗的尘世，原本洁净的心难免被尘世中的欲望和杂念污染，这些欲望和杂念紧紧地包裹我们的灵魂，它们越积越多，最后变成了沉重的负担，让心灵不堪重负。给你的心灵洗个澡吧！洗去上面的尘埃和污垢，这样我们的心灵才会敞亮、轻松。

　　我们常常为诸多的俗事所累、所困，被欲望和杂念牵着鼻子走，这样就会与快乐南辕北辙，适时调转车头才会走向快乐。降低你的欲望，快乐就不会太远。试着调整自己的心境，让自己能够坦然地面对现实，我们的心灵就不会感到过于沉重。欲望低了，心事就少了，快乐自然也就会来了。

　　美国著名心理学家赛利格曼提出了一个快乐公式：总快乐指数＝先天的遗传素质＋后天的环境＋你能主动控制的心理力量。

　　先天的遗传素质我们无法改变，后天的环境，我们可以通过努力，得到有限度的改善，而关于快乐公式中最后一个部分——心理力量，则是最易被我们所掌握的力量。想快乐吗？那么请控制自己的情绪，调节自己的心理。

　　近年来，有人提出另外一个快乐的公式：快乐＝现实/欲望。在这个公式中，现实往往是一个变化不大的定值。既然现实这个"分子"变化不大，那么只有降低欲望这个"分母"，才能提升快乐这个结果。既然现实是个定值，快乐和欲望就成反比例，要想提高快乐感就要降低欲望。

　　现实中能明白这个道理的人却很少，很多人往往被欲望、虚荣所累。

　　凯瑟琳身材窈窕，容貌姣好。年轻、漂亮的她每天都有不同风格的打扮，或清纯，或时尚，或知性，或性感，同事都说凯瑟琳简直是美丽

选择生活中的乐趣

98

的化身。在一片赞扬声中,凯瑟琳的虚荣心越发膨胀起来,为了打扮得更惹人注意,更显出品位,她不惜大手笔去购置时尚名贵的珠宝、名牌服装、高档箱包……但是,作为一个普通小白领,凯瑟琳的收入有限,和她强烈的物质欲望不成正比,甚至让她负债累累,信用卡公司一直在催她还账。

一天,女友又夸凯瑟琳的手包漂亮,符合她的气质。凯瑟琳看四周没人,就叹了一口气说其实自己活得很累,别人看到的只是她光鲜、靓丽的外表,实际上她为了置办这些东西花费的金钱已经远远超出了她所能承受的范围,她觉得非常疲惫。她曾经也反省过自己,但是那些昂贵的名牌物品真的让她很开心,她喜欢听别人的夸奖。

女友开始并不知道凯瑟琳透支了那么多钱来买这些奢侈品,现在知道后,就真诚地说:"凯瑟琳,你已经够美了,根本不需要修饰和点缀。"

后来,两个人就欲望和快乐聊了很多。她们发现,如果想要的太多,追求的太完美,人就会被欲望压得喘不过气,又怎么会生活得更好呢?没有那么多欲望,让自己的生活节奏舒适有度,生活反而会更美好、更轻松。

是啊,当你不再渴望更多时,你就能珍惜你所拥有的一切,心里的不满与空虚就会随之消失。只要你不再抱怨自己还有很多东西没有得到,你的生活就一定会其乐无穷。珍惜自己所拥有的,别让欲望笼罩了你的心,你就会发现生活真的很美好。

有一天,一个穷汉路过一家高级酒店,当他看到一群衣着华丽的人走进去时,他感叹命运对自己不公平,并幻想着说:"要是我能住上这样豪华的房子,吃上这样好的饭菜,那么我就知足了,什么也不奢望了。"

就在这时,命运之神突然降临到他的面前,对他说:"我是命运之神,你刚才的抱怨我都听见了,现在我可以帮助你实现愿望,你愿意接受吗?"

"当然愿意!"

"这里有一个袋子,你打开它,我要将金子装在这个袋子里。但是你要记住,金子是不能掉到地上的,如果金子碰到了地就会立刻变成垃圾,你将什么也得不到。你一定要记住,这个袋子已经很破旧了,可不能装得过多。"

穷汉做梦也不会想到命运之神会这样垂青于他,慌忙打开袋子。金子快速地流进了穷汉的袋子里,不一会儿,袋子就变得沉重起来。

"够了吗?"

"还差得远呢!"

"你的袋子会破的。"

"不会的,这么一点没关系。"

"这些已经够多了,够你花好几辈子的了。不用再装了。"

"再装点,就再装一点点。"

话还没说完,袋子"啪"的一声破了,金子撒得满地都是,一下子变成了一堆垃圾,命运之神也不见了。

物欲是个无底洞,有些人永远不知道满足,陷在欲望的深渊里难以自拔,内心的平静也被打破,因此就很难收获到生活中的快乐了。

就好像《渔夫与金鱼》的故事,渔夫的善良、平静和不求回报令人感动,渔夫老婆无休止的贪欲则令人愤怒。

看看你们的周围,像渔夫老婆和穷汉那样的人比比皆是,你是不是也是其中的一员呢?

很多人刚毕业时,就想有个稳定的工作;有了工作,又想着加工资和升职;工资提了,职位也升了,又想着住大房子,开豪华车……当这一切都有了,该满足了吧,不,他们没有满足的时候,他们追逐欲望的脚步仍然不会停下。如此循环往复,他们永远不会快乐。

被物欲污浊了心灵的人们,在物欲控制你之前,赶快摆脱它吧!生活不会事事顺心,但可以清新、简单。即使我们不富有、不年轻,但只要我们活着,就可以选择快乐的生活方式。当你脱掉了物质的外衣,轻装上阵,在人生的旅途中就能享受到轻松和愉悦。

選擇生活中的樂趣

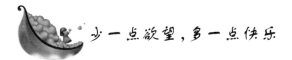

少一点欲望，多一点快乐

这是一个极具诱惑力的社会，这是一个欲望膨胀的年代，人们的心里总是塞满了欲望和奢求，追名逐利的现代人，总是奢求穿要高档名牌，吃要山珍海味，住要乡间别墅，行要宝马香车。一切都被欲望支配着。

法国杰出的启蒙哲学家卢梭曾对物欲太盛的人作过极为恰当的评价，他说："十岁时被点心、二十岁被恋人、三十岁被快乐、四十岁被野心、五十岁被贪婪所俘虏。人到什么时候才能只追求睿智呢？"的确，人心不能清净，是因为欲望太多，没有家产想家产，有了家产想当官，当了小官想大官……精神上永无宁静，永无快乐。

伟大的作家托尔斯泰曾讲过这样一个故事：有一个人想得到一块土地，地主就对他说，清早，你从这里往外跑，跑一段就插个旗杆，只要你在太阳落山前赶回来，插上旗杆的地都归你。那人就不要命地跑，太阳偏西了还不知足。太阳落山前，他是跑回来了，但人已精疲力竭，摔个跟头就再没起来。于是有人挖了个坑，就地埋了他。牧师在给这个人做祈祷的时候说："一个人要多少土地呢？就这么大。"

人生的许多沮丧都是因为你得不到想要的东西。其实，我们辛辛苦苦地奔波劳碌，最终的结局不都是只剩下埋葬我们身体的那点土地吗？伊索说的好："许多人想得到更多的东西，却把现在所拥有的也失去了。"这可以说是对得不偿失最好的诠释了。

其实，人人都有欲望，都想过美满幸福的生活，都希望丰衣足食，这是人之常情。但是，如果把这种欲望变成不正当的欲求，变成无止境的贪婪，那我们就无形中成了欲望的奴隶了。在欲望的支配下，我们不得不为了权力，为了地位，为了金钱而削尖了脑袋向里钻。我们常常感到自己非常累，但是仍觉得不满足，因为在我们看来，很多人比自己的生活更富足,很多人的权力比自己大。所以我们别无出路,只能硬着头皮往前冲,在无奈中透支着体力、精力与生命。

扪心自问,这样的生活,能不累吗?被欲望沉沉地压着,能不精疲力竭吗?静下心来想一想,有什么目标真的非让我们实现不可,又有什么东西值得我们用宝贵的生命去换取?朋友,让我们斩除过多的欲望吧,将一切欲望减少再减少,从而让真实的欲求浮现。这样,你才会发现真实、平淡的生活才是最快乐的。拥有这种超然的心境,你做起事来就能不慌不忙,不躁不乱,井然有序,面对外界的各种变化不惊不惧、不愠不怒、不暴不躁。而对物质引诱,心不动,手不痒。没有小肚鸡肠带来的烦恼,没有功名利禄的拖累。活得轻松,过得自在。白天知足常乐,夜里睡觉安宁,走路感觉踏实,蓦然回首时没有遗憾。

古人云:"达亦不足贵,穷亦不足悲。"当年陶渊明荷锄自种,嵇康树下苦修,两位虽为贫寒之士,但他们能于利不趋,于色不近,于失不馁,于得不骄。这样的生活,也不失为人生的一种极高境界。

人生好像一条河,有其源头,有其流程,有其终点。不管生命的河流有多长,最终都要到达终点,流入海洋,人生终有尽头。活着的时候,少一点欲望,多一点快乐,有什么不好呢?

第六章　随意生活：淡忘是拥有快乐的捷径

　　漫漫人生路，坎坷和不幸随时会来到我们身边：朋友的背叛、亲人的远离、竞争的失败、事业的不顺、不测的病痛、突发的灾难……人生有太多意外，如果一切都无法避免，那我们不妨挥一挥衣袖，学会淡忘。淡忘过去，淡忘痛苦，淡忘一切。

淡忘是拥有快乐的捷径

　　漫漫人生路,坎坷和不幸随时会来到我们身边:朋友的背叛、亲人的远离、竞争的失败、事业的不顺、不测的病痛、突发的灾难……人生有太多意外,如果一切都无法避免,那我们不妨挥一挥衣袖,学会淡忘。淡忘过去,淡忘痛苦,淡忘一切。

　　茫茫人海中,抱怨痛苦的人多,宣称快乐的人少:穷人为衣食而终日忙碌,富人为金钱买不到快乐而伤心不已,老人为身体的病痛而痛苦呻吟,小孩子为没有自由而烦恼伤心……似乎人活在世上,总是痛苦的时候多,快乐的时候少。

　　快乐真的离我们很远吗?不,因为你没有学会淡忘。淡忘是拥有快乐的捷径,只有学会淡忘,人才能超越自身的束缚,释放出最大的能量,才会创造原先不曾创造的奇迹,才会真正拥有幸福。

　　古时候有位军医,随军队辗转南北,负责救治战场上的伤员。

　　他的医术很高,被他治愈的伤员数不胜数。但随着时间的流逝,他发现越来越多的伤员都是熟悉的面孔。

　　原来,他治疗的许多病人往往刚刚痊愈,就又投入战场继续作战,于是再次受伤。这种情况往复多次以后,他开始思考自己的工作:如果伤员命中注定要死,我又何必要将他救活?如果我的救治是有意义的,那么他为何又去战死呢?一想到这些,他就觉得自己的工作毫无价值。于是他心神不定,精神恍惚。天长日久,他的精神开始崩溃了。他不明白当军医有何意义,心里乱得无法继续工作……

　　后来,他向一位世外高人求助。他跟随高人在山上住了几个月,过着那种"闲看庭前花开花落,漫随天外云卷云舒"的逍遥日子,终于

　　找到了问题的症结所在,解开了这个困扰他许久的问题。

　　后来,他下山再次行医。每当看到伤病员熟悉的面孔时,他便对

自己说："因为我就是医生啊！其他的我不用管啊！"只此一句，烦恼全无，他又重新投入工作。

可见，人生中的烦恼，有很多是因为自己患得患失造成的。

就像故事中的那个医生，他能够将士兵从伤病中抢救过来，使他们痊愈，却没有能力阻止他们再去冲锋陷阵，而一旦去冲锋陷阵伤亡就是难免的。作为一个战士，冲锋陷阵是他的使命，医生根本无力改变这一切，作为医生只要医好自己的每一位病人就可以了，如果顾虑太多，想得过多，最终只会让自己痛苦不堪。

人生正是如此，很多时候，我们总是在为自己无力改变的事情伤心不已，钻进了精神的死胡同，殊不知万事万物都有自己的规律，事情的出现也有它自身的法则，如果自己力所不能及，不妨学会放下。心放宽了，天地也就大了。

一个女孩莫名其妙地被老板炒了鱿鱼。老板要她下午到财务室结算工资。中午，她坐在公园的长椅上黯然神伤。突然，她发现一个小孩子一直站在她身边不走，便奇怪地问："你站在这里干什么？"

"这条长椅刚刚刷过油漆，我想看看你站起来的时候是什么样子。"小家伙说。

女孩怔了怔，笑了。

忽然，女孩意识到如同这双天真烂漫的眼睛想看到自己后背的油漆一样，她那些精明世故的同事也怀着强烈的兴趣想要看到她的落魄和失意。她决不能在丢失了工作的同时，还丢失了自己的笑容、风度和尊严。选择和被选择是世界上时时刻刻都在发生着的最平常不过的事情，这个事情对于她的唯一意义便是提醒她必须改变、必须提高。

她决定淡忘这暂时的挫折，用平常心面对生活。短暂的自我调整之后，她又变得开朗了。

于是，那天下午，同事们纷纷心照不宣地出来和她打招呼的时候，他们看到的是一张比平时更加平静、美丽的面容，同事们惊讶不已。

可见，与其无力挽回，不如把它看淡。淡定，有时会让对手更加震撼。

人生在世，意想不到的事情太多：名利的得失和荣誉的毁损，无端的误解和不公正的遭遇，无中生有的流言蜚语和飞短流长的小道新闻……如果这一切都不可避免，那我们不妨挥一挥衣袖，学会淡忘，淡忘所有应该淡忘的一切，这样可以让我们去除很多不必要的烦恼，开辟另一条通往成功的大道。淡忘身边的一切，将收获人生更多的幸福。

一次，英国维多利亚女王与丈夫吵了架，丈夫独自回到卧室闭门不出。女王进不去卧室，只好敲门。

丈夫在里边问："谁？"

维多利亚傲然回答："女王。"

没想到里边既不开门，又无声息。她只好再次敲门。

里边又问："谁？"

"维多利亚。"女王回答。

里边还是没有动静。女王只得再次敲门。

里边再问："谁？"

女王学乖了，柔声回答："你的妻子。"

这一次，门开了。

可见，要想家庭和睦、幸福，在任何人面前，哪怕是自己朝夕相处的爱人面前也要淡忘自己高贵的身份。

在回家之前，应该把各种头衔、职位扔在脑后，女王也不能例外。淡忘功名利禄，将使你不会高高在上，不会拥有那种孤独的高处不胜寒的悲凉，淡忘物质浮华，将有助于你放下包袱，寻找到真正属于自己的幸福，淡忘曾经的痛楚，将有助于你轻装上阵，攀登人生新的高峰。

所以，人生并非只有痛苦，快乐其实无处不在。只要你学会放下，学会淡定，学会淡忘，快乐就会来到你身边。淡忘不幸，因为痛苦的日子总会过去；淡忘失意，让烦恼从脚趾尖轻轻地滑走，淡忘不快，让脑内的阴霾随风飘散，还自己一片明亮的天空。当痛苦和不幸来临时，只要你记住乌云笼罩的日子并不可怕，挥一挥衣袖，淡忘身边的一切，那么，明天一定还是艳阳高照！

学会遗忘，生活会更加美好

美国白涅德夫人曾经写过一本《小公主》，里面的主人公莎拉曾经是一个富家女，但她的爸爸突然死去，还破了产，只留下她这个十岁的小女孩。她的生活从天堂掉到地狱，每天都要干脏活、累活，还要忍受别人的讥讽和嘲笑。但她依然很快乐，她接受了这个事实，并且幻想有一天幸福会降临，从而忘记了痛苦和屈辱。当面对这样环境的时候，我们是不是也应该这样呢？

人们总是希望自己活得快乐一点，洒脱一点，可是身处尘世，放眼四周，却常常会有人说自己并不快乐，被一种不可名状的困惑和无奈缠绕着。我们为什么不快乐呢，一个重要的原因就是我们没有学会遗忘。

在我们的日常生活中，在我们的人生路途上，我们所欣赏到、所见到的不全是让我们愉悦而开心的风景，我们还会遇到种种的挫折和不幸，有些甚至是致命的打击。因此我们有必要学会遗忘，对于我们来说，遗忘是一种明智的解脱。一次不该有的邂逅，一场无益身心的游戏，一次不成功的使人失魂落魄的恋爱，一场让人丢失进取心的空虚幻想，这些都是我们应该从记忆的底片上抹去的镜头。因为我们还在人生路途上行走，我们所追求的事业、目标在前方不远处，我们遗忘是为了使自己更好地赶路，使我们走得更加轻松。

人们常常为了名利将自己弄得疲惫不堪，将他人对待自己的种种误解铭记于心，对别人的轻视耿耿于怀，于是，本打算给自己营造一个轻松愉悦的天地，却不料到头来是给自己套上一个又一个精神枷锁，心里的那片蓝天在不知不觉中抹上了灰色，伴随着成长的足迹深植于心，在不经意中折磨摧残着自己。这时我们真的需要一点遗忘的精神。忧心忡忡的你不妨到大自然中去体会事物本来的神韵，净化你的

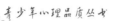

心灵,化解你的悲苦,遗忘你应该遗忘的那些东西。

遗忘在某种程度上也是一种宽容的体现。作为一个普通人,也许你并没有获得人生中所谓的辉煌,也许你遭受了不应有的嘲讽和轻视,但你不必为此而苦恼,你完全可以潇洒地把它们忘掉。因为,你如果为这些烦事所忧,就永远休想获得人生的辉煌。每个人都需要有一个心灵的空间去反思自己,在这个空间里,学会遗忘可以让你感受到自己的空间清澈了许多,让琐事像漂浮物一样远离我们而去,沉淀下来的是我们对生活智慧的领悟。

学会遗忘,这并不是一件容易的事,有许多你想忘也忘不掉的悲伤、痛苦、耻辱,它们是那么的刻骨铭心。我们要以一颗平常心去对待痛苦,既然已经发生了,就应该去接受它,再忘掉它,不要为你的生活添上许多不必要的烦恼。学会遗忘吧,遗忘该遗忘的,留给自己一个清新宁静的生存空间,便会感受到欲上青天揽日月的宽阔心怀。

我们只有学会遗忘,生活才会更加美好,如果一个人的脑子里整天胡思乱想,把没有价值的东西也记存在头脑中,那他或她总会感到前途渺茫,人生有很多的不如意,更无快乐可言。所以,我们很有必要对头脑中储存的东西,给予及时清理,把该保留的保留下来,把不该保留的予以抛弃,用理智过滤掉自己思想上的杂质。只有清空大脑,善于遗忘,才能更好地保留人生最美好的回忆。

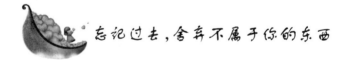
忘记过去,舍弃不属于你的东西

爱情是千百年来人类经久不息的话题,爱情是人生中一首永远也唱不完的歌谣。

古今中外,关于爱情的故事数不胜数:梁山伯与祝英台化蝶的故事感动了多少华夏儿女,罗密欧与朱丽叶合埋的佳话更是传遍了全世界;“泰坦尼克”号上露丝和杰克的生死分离让人震撼,日本电视剧中

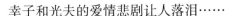

幸子和光夫的爱情悲剧让人落泪……

人世间的爱情,有时并不一定能够坚持到彼岸,遭遇搁浅或者遇到暗礁的时候会更多。人的一生也许会经历许多次爱,千万别让爱成为一种伤害,要学会忘记。

刚和卉是在工作中认识的,卉很稳重,这正是刚所喜欢的。卉平时话很少,每次都是刚有事没事去找她说话,时间久了自然成了好朋友。刚见不到她就会感觉心里空空的,见到她就会特别高兴。

可好景不长,卉因病辞掉了工作,之后他们见面的机会少了很多。刚觉得这对自己来说就是煎熬。没有卉的日子,刚感觉做什么都没有意义,刚意识到自己真的爱上了卉。但是刚不敢向她表白,因为她是自己的初恋,害怕说出来后会被拒绝。

最终,想要赌一把的刚鼓起勇气向卉表白了,卉好像很惊讶,说她考虑考虑,当时刚以为是有希望的。谁知两天后,卉告诉刚说他们不合适。但是刚并没有死心,第二天又去找卉,希望能有奇迹出现,刚又问了卉:"难道真的一点机会都不能给我吗?"可卉的回答依然是那么坚决。

离开卉后,刚忽然感觉轻松了许多,本以为自己会发泄一通,却发泄不出来……他不知道自己为什么会这么平静。难道真的没爱过她吗? 不是,当初为了她甚至可以抛弃一切,可在被她拒绝以后自己并没有想象的那么难过……这是为什么呢? 最终,刚想明白了,这也许就是人们常说的聚散随缘吧。

可见,舍弃有时反而能让人得到解脱。刚的舍弃,让他绕过了爱情的藩篱,满怀信心地走向人生的下一站。

生活当中,有的人却深陷这样的泥潭不能自拔:越是得不到的东西,越是朝思暮想,越是苦苦追求,越是不愿舍弃,结果把自己弄得疲惫不堪。所以很多人在迫不得已舍弃以后,觉得整个人生都失去了意义:天是黑的,云是灰的,心是冷的,失去了快乐,失去了自信,甚至失去了生活的激情。

有一个小男孩,他和邻居家的小朋友一起玩。邻居家的小朋友要抢小男孩的玩具,小男孩紧紧抓住不放。邻居家的小朋友狠狠地打了小男孩一拳,疼痛难忍的小男孩情急之下不得不放手,看着失去了玩具的小男孩,邻居家的小朋友哈哈大笑,幸灾乐祸地说了句:"看,要你放手还不简单。"

也许因为这个教训太惨痛,也许因为这句话太伤人,从此小男孩在心里暗暗地发誓:以后不管遇到什么情况,一定不能轻易放手。

后来男孩渐渐地长大,长大后的男孩和一个女孩相恋了,他们在一起甜蜜地相处了一段时间。可有一天女孩突然提出了分手,并要离开他们居住的小屋。眼看着女孩坚决地收拾东西,儿时的那一幕浮现在眼前,"绝不能放手!"有一个声音在耳旁响起。痛苦的男孩抓着女孩的手不让她离开,挣扎中女孩狠狠地咬了他一下,男孩措手不及,慌乱中女孩落荒而逃。

后来,男孩发现自己无意中从女孩衣服上拽下了一样东西,于是他如获至宝,整天把它带在身边,一有空闲便紧紧握在手心,舍不得松开。

男孩的痴心感动了另外一个女孩,她很同情这个男孩的过去,并希望能够为他做点什么。于是她接近男孩并开导他,一段时间以后,女孩发现自己不可救药地爱上了这个男孩,爱上了这个至真至诚的人。

为了唤醒男孩的痴情,更为了表白自己的真情。有一天,女孩把男孩约到海边,女孩摘下随身佩戴的一件挂坠,男孩知道那是女孩的至爱之物,是女孩的母亲去世前留给女儿的唯一的遗物,对她来说十分重要。男孩不明白女孩接下来要做什么。

"你看,"女孩说,只见女孩双手紧紧抓住挂坠贴在胸前,看着大海喊着男孩的名字,"我想和你永远在一起,我愿意用我最重要的东西来换。"说完她不舍地看了手中的挂坠最后一眼,然后毫不犹豫地把挂坠扔向了大海。

"噗"的一声,挂坠在大海中消失得无影无踪。男孩惊讶地说:"你这样做值得吗?"

"放手其实很简单。"女孩坚定地看着男孩,男孩怔了怔,好久好久,男孩哭了,哭得好伤心。他松开那只紧握的手,慢慢地打开了手心,里面是一枚变了形的胸花,这是男孩送给他女朋友的第一个礼物,男孩就这么低着头看着手中的那枚胸花。

好久,男孩抬起头来,坚定地对着大海喊:"我会忘记你的,我永远也不要再想起你。"说完,他用尽全身力气把手中的胸花扔向大海。

又是"噗"的一声,胸花飞向了大海深处,男孩与女孩紧紧拥抱在一起,水面上溅起了一圈又一圈美丽的水花……

"山重水复疑无路,柳暗花明又一村",正是因为男孩忘记了过去,他才收获了真正属于他的爱情。

可见,"忘记过去"并不意味着将一无所有,相反,你很可能在失去一些毫无价值的东西之后收获更多。爱是一曲悲欢离合交织的歌,红尘中的男女很难挣脱爱恨纠缠的情网,如果一味沉湎过去,只会让人生的路越走越窄。倘若真正了解爱情的含义,就会明白很多事情只可随缘,有些东西该离去的还是要离去,紧紧抓住不放的不一定就是幸福,眼前所拥有的才最珍贵……

所以,要做一个快乐的人,一定要学会忘记,忘记过去,舍弃不属于你的东西。退一步海阔天空,让三分天高云淡,已经失去的东西不要太过在意,在你积极处世的背后,还有一段真正的幸福在下一个路口等着你,这又何尝不是一种意外的快乐呢?

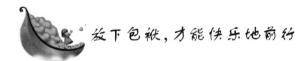

放下包袱,才能快乐地前行

人的一生充满了风风雨雨,而我们总是被自己所拥有的经验以及固定的想法包围着,没有任何放松的机会,就如同一台机器一样,每天都在超负荷地运转,总有一天会散架。因此我们得学会给心灵加一个"过滤器",筛选掉烦恼和不幸,过滤掉忧愁和痛苦,只有放下这些沉重的思想包袱,轻装上阵,才能在人生道路上快乐地前行。

人生道路并不像诗中所说的那样富有诗情画意,实际上,在人的一生中,美好、快乐的体验往往只是瞬间,占据很小的一部分,而大部分时间则伴随着失望、忧郁和不满。人生中有许多苦痛和悲哀,如果把这些东西都储存在脑海中的话,人生必定会越来越沉重,甚至让你举步维艰。

曾经有一位心理学家做过这样一个实验,在一艘船上,他建议一些总感觉心情沉重的人走到船尾去,向大海倾诉。面对波涛汹涌的海水,把自己的一切烦恼都吐到海水中,直到自己觉得心里舒畅了为止。

结果表明,这种方法确实很有效,很多人都告诉这个心理学家,自己的心情真的得到了一次前所未有的清洗,心中的烦恼好像真的被过滤掉一样全部烟消云散。

在上面这个实验中,难道烦恼真的能像东西一样,被过滤掉吗?这是不太可能的。心理学家只不过是找了一种方法来让这些心情沉重的人发泄自己的郁闷心情,发泄完了,心情也就轻松了,烦恼也随之消失。

是的,要想成为一个快乐的人,就应该经常给自己的心情做一做过滤,一个好的司机不会把车开得太快,一个好的琴师不会把琴弦绷得太紧,而一个爱惜手表的人也不会把发条上得太紧,一个人如果不能清除困扰自己心灵的情绪残渣,那么就会活得很累很累。

张雅玲是某公司的一名员工,性格有些多愁善感,遇到一点挫折就垂头丧气,总是怪自己太笨了。有时候是工作难度大了,有时候确实是事出有因,有时候是她对自己的要求太高了,可她从不考虑这些因素,只要一遇到不顺心的事,就一个劲地埋怨自己。刚开始朋友还会来劝她,可总是这样,弄得大家也都没有了好心情和耐性,干脆都不去理会她的自责和不高兴。久而久之,她越发感觉被人冷落了,结果抑郁成疾……

可见,人生在世,总会遇到这样那样的困境,但是我们要学会调整,自动过滤掉生活中那些不必要的烦恼。如果像张雅玲那样,总爱把那些微不足道的小事放在心上,只会压得自己喘不过气,甚至抑郁成疾。

生活是公平的,没有绝对的幸运,更没有彻底的不幸,别人有这样的好运气,你就会有那样的好机会。在遇到困境的时候,我们应该用一颗积极的心去面对。毕竟,人生不经历一些风风雨雨是不可能的,想要没有艰辛和烦恼也是不可能的,所以,千万别让自己活得那样沉重,如果一个人总是背着沉重的十字架过一种充满焦躁、愤懑、后悔的生活,不仅对身心无益,还会白白浪费眼前的大好时光。所以,要想成为一个快乐的人,就应该给自己的心灵加一个"过滤器",学会筛选,学会减压。

露丝的丈夫车祸去世后,露丝变得异常烦躁、易怒,她抱怨生活太不公平,她害怕孤独,害怕寂寞。独居两年后,露丝的脸变得硬邦邦的。

有一天,露丝开着车路过拥挤的小镇,忽然见到一处她喜欢的围栏被拆了。这处围栏颜色灰白,雕刻的十分精致,虽然已有很多年的历史,但仍然透露出一种说不出来的高贵气息。过去露丝和丈夫十分喜欢它们,经常把车停在路边慢慢欣赏。如今马路拓宽,这处围栏也被拆除掉,露丝感到十分心痛,觉得种种美好的东西似乎都在慢慢离她而去。

围栏后的院子现在变成了一块小草坪,错落有致地绽放着五颜六色的花朵。露丝注意到一个系着围裙、身材瘦小的女人在侍弄鲜花,修剪草坪,神情是那样的平静、自然。

露丝在路边停下车,久久地凝视着那块草坪。草坪里美丽的花朵几乎令她流泪。她索性给车熄了火,走上前来,观看那些花朵。它们还散发着芬芳的气味。她看见那女人正开动一台割草机,修剪草坪。

"喂!"露丝喊着,一边挥着手。

"嘿,亲爱的!"那女人站起身,在围裙上擦了擦手。

"我在看你的花儿,真是太美了。"露丝激动地说。

"来,在门廊上坐一会儿吧,让我告诉你有关花的故事。"那女人放

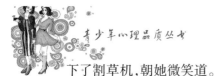
下了割草机,朝她微笑道。

"这些花其实并不是一直就有。"那女人直率地说道,"我独自一人生活,原来院子是用围栏围起来的,因为马路拓宽,就把围栏拆除了,我就在草坪里种上各种花儿。现在有许多人到这里来,他们见到这花朵后便向我挥手,有几个人像你一样,甚至走进来,坐在廊上跟我聊天。"

"可院子前的路加宽后,围栏被拆了,草坪也变小了,你难道不介意吗?"露丝问。

"变化是生活中的一部分,当你不喜欢的事情发生后,你面临两个选择:要么痛苦,要么忘掉痛苦。拆掉那道围栏后,我在这儿种上花,这让我结识了很多朋友,让我的生活不再孤独。"那女人说道。

露丝若有所思……

是的,过去的已经过去,往事就如"黄河之水天上来,奔流到海不复回"。不能重新开始,不能从头改写。为过去哀伤,为过去遗憾,除了劳心费神,分散精力,没有一点益处。我们应该像那个女人一样。精致的围栏拆掉了,我们还能种花,还能结识更多的朋友。

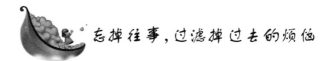

忘掉往事,过滤掉过去的烦恼

忘掉往事,忘掉不幸,让过去的烦恼统统过滤掉,这样剩下的就全是快乐。

六月的一天,天气十分炎热,有一个小和尚在禅房门口看到师父端坐在烈日下大汗淋漓。小和尚非常惊讶地走上前去,低声问道:"师父,你在干什么?"

"没什么,我正在沐浴呢。"师父心平气和地说。

小和尚觉得十分困惑,他出去走了几圈后还是不解,就又回来问师父:"师父,我没有看到水啊?"

选择生活中的乐趣

"我是在沐浴、洗涤心灵,你当然看不到了。"师父静静地回答。

小和尚更奇怪了,就又问:"怎么才能让自己的心灵得到沐浴和洗涤呢,师父可否开导一下弟子?"

师父说:"点燃一颗平静的心,在自己的心底煮开半锅水,再过滤掉虚荣、浮华、自大等病根,就是给心灵沐浴了。"

是的,给身体洗澡,可以洗去肉体的灰尘,为心灵洗澡,方能洗去心灵的污垢。当你的心灵不堪重负时,为何不给自己找一个空间,在冷静的反思中给心灵洗一个澡?只有学会给心灵洗澡,过滤掉心灵中阴暗的角落,才能清空烦恼,重拾快乐。

人生不可能总是坦途,不如意的事情十之八九,这时候就得坦然地面对生活,多调整自己的心态,千万别跟自己过不去。人要学会给心灵加一个"过滤器",过滤掉所有的忧愁和痛苦,筛选掉所有的烦恼和不幸,对自己好一点,不要跟自己过不去,要知道世上没有翻不过的山,更没有过不去的坎。

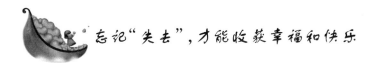

忘记"失去",才能收获幸福和快乐

人生在世,有得到必有失去,得与失相生相伴,但是,大多数人在得与失面前总想得到,而不愿意失去。他们把失去看得很重,舍不得,忘不掉,总是沉浸在"失去"的阴影中不能自拔,长久下去,心情越来越沉重,丢失了生活的快乐。

我们每个人都有过丢失东西的经历:比如刚领的薪水不小心弄丢了,最喜爱的自行车一夜之间不翼而飞了;相处了好几年的恋人移情别恋了,等等。这些重要的人或心爱之物的失去,会让我们苦闷不已,有时甚至会生出病端,失去了快乐。究其原因,就是我们没有从往事中走出来,没有忘记"失去",因此活得非常痛苦。

其实,人生就是一段得与失交替的旅程,每个人在这段旅程中都会有"失去"，但我们不能总是念念不忘，如果一直不能走出来，因为"失去"而叹息、懊悔，那就会失去生活的快乐。忘记"失去"，重新去筑建自己的未来，才能重拾快乐！

有一个十分优秀的士兵，在一次火灾抢险中失去了双腿。刚开始他也像常人一样，认为自己这辈子完了。是呀，一个人没有了双腿，连走路都不会，还能做什么工作？这样活着还有什么意义？

于是，这个失去了双腿的士兵痛苦地躺在病床上，也不睁眼，也不和任何人说话。他怕看到自己那被齐刷刷锯掉的双腿，他甚至不想再活下去。

士兵的父亲为了不让他感到孤独，就给他买了一个收音机，让他听听节目，缓解一下痛苦。有一天，这个断腿的士兵无意中听到残疾人运动会的新闻，听着那些残疾人的呐喊和呼唤，他感到不可思议，生命中有一种声音在召唤他，于是他决定走出阴影。

他开始学习英语，由于他从前英语基础不错，加上收音机里的教学节目，他进步得很快。过了两个月，他让父亲给他买了一个轮椅，他说他要看看阳光。当他沐浴在阳光下，他突然发现活着是那么快乐，他用很流利的英语说了一句：我失去了我的双腿，但我还有我的双手，我要用我的双手重新谱写人生的快乐！

终于，苦心人，天不负，他凭着顽强的毅力学会了六个国家的语言，翻译了几十本书，他创造了轮椅上的奇迹！

这个故事告诉我们：忘记"失去"，你才能收获人生的幸福和快乐！

是的，失去了双腿固然可怕，但你还拥有生命，你的身边还有亲情、友情，以及人间的真情。我们是命运的主人，我们是心灵的主宰，只有那些领悟了生活真谛的人，才不会随便选择死亡，哪怕只有一点机会，也不能放弃。失去了的东西既然无法挽回，那我们就要学会忘记，只有忘记"失去"，我们才能快乐地面对明天！

一对夫妇结婚十年后才生了一个孩子，让这对期盼已久的夫妻高兴不已，妻子更是倍加宠爱这个小男孩，将自己所有的精力都用在照顾男孩上。

小男孩两岁的时候,有一天丈夫准备上班,走到门口忽然看到桌上有一个打开的药瓶没有盖,不过因为赶时间,他只大声告诉妻子把药瓶收好,然后就关上门走了。妻子随声附和,但因为在厨房忙得团团转,所以就忘了丈夫的叮嘱。

两岁的男孩跑到客厅玩,看到药瓶觉得好奇,又被药水的颜色所吸引,于是拿起药瓶一口气喝完了里面的药水。

当母亲发现昏迷在客厅的儿子后,哭着把他送往医院。但因为服药过量,医生已无力回天。妻子被吓呆了,不知如何面对丈夫。紧张的父亲赶到医院,得知噩耗非常伤心,看到儿子的尸体,他不由得大哭出声,好久好久,他抬起头望着妻子,说了一句:"忘掉吧……"

是的,每个人的一生都会失去一些东西,失去固然痛苦,但也不必执著于此。终日想着失去,只会加剧往事遗留给我们的伤悲,只会让我们对未来的看法越来越黑暗,越来越悲观。与其痛苦,不如淡忘,只有忘掉"失去",我们的心灵才能走向快乐!

山上,一朵不知名的小花长在一棵高大的松树底下,小花觉得自己很幸运,因为大松树就像是它的保护伞,能为它遮风挡雨。因此,小花每天都高枕无忧,快乐地享受着大松树的庇护。

有一天,山上来了一群伐木工人,他们在对那棵大松树进行反复测量后,把它锯倒运下了山。

松树被运走后,小花裸露了出来,失去了保护伞的小花,为自己的未来担心不已。它痛苦地说道:"上帝啊!人们夺去了我的保护伞,从此嚣张的狂风会吹弯我的腰,倾盆大雨会把我的花瓣打碎,我再也没有好日子过了!"

"哦,你为什么这样想呢?孩子,你的好日子还在后头呢。"远处的另一棵树说话了,"你想想看,没有了大松树的阻挡,阳光会照耀着你,雨水会滋润着你;你弱小的身躯将会长得更加苗壮,你盛开的花瓣将一一呈现在灿烂的阳光下。当人们看到你时,会称赞你长得美丽,那时你就会被更多的人认识,那样你难道不快乐吗?"

小花想了想,开心地笑了。

117

是呀,当你有一天突然发现长久依靠的东西不在了的时候,痛苦和伤心是在所难免的。但是伤心有什么用? 如果你换个角度想一想,也许你会有意外的收获。旧的不去,新的不来,与其为失去的自行车懊悔,不如考虑怎样才能再买一辆新的·与其因恋人向你"拜拜"而痛不欲生,不如振作起来,重新开始,去赢得新的爱情。

西方谚语说:"上帝在关上一扇门的同时,必会为你打开一扇窗。"是呀,如果我们每一个人都认真地思考自己的人生,就会发现,人生其实处处是在失去;人握拳而来,撒手而归,生命在失去;人的一生从童年到青年,再到中年、老年,时光在失去;父母年事越来越高,甚至离开人世,亲人在失去……整个人生其实就是一段不断失去的旅程。所以,面对失去,我们要学会忘记,忘记得与失、忘记愁与苦,带着平常心投入到新的生活中才能得到更多的快乐。

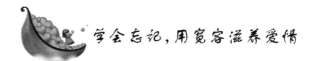

学会忘记,用宽容滋养爱情

当我们的婚姻出现问题时,该如何化解其中的矛盾呢? 包容和谅解是必不可少的。很多婚姻之所以不幸都是因为缺少包容和谅解,抱怨、唠叨和责骂不仅对婚姻没有任何益处,反而会使婚姻生活更加糟糕。只有用一颗宽容的心包容对方的一切,才能化解矛盾。

有人说,想做到宽容和谅解太难了,其实,有时只需要一句话,如:"对不起""请原谅""我错了"……所有的矛盾都会迎刃而解。宽容对方的同时,也宽容了自己。只要还有爱在,谁也不想毁灭自己的婚姻。

灵子是一个敢爱敢恨的女人。第一次婚姻失败后,她在一次宴会上遇见了让她怦然心动的赵家。赵家也有一次婚姻失败的经历,因为同是天涯沦落人,在宴会上他们聊得非常开心。后来他们经常见面,也许是因为日久生情,也许是因为灵子热情如火的追求,他们走进了婚姻殿堂。结婚之初,他们都特别珍惜这份感情,尽量避免冲突,以免影响婚姻生活。

　　灵子更是全心投入，除了工作，她几乎把所有的时间都用来打理家里的一切。有时候她就像一个跟屁虫，只要允许妻子出现的场合，她都和赵家形影不离。但时间一长，赵家感觉自己没有了私人空间，厌倦和疲惫感陡然而生。

　　一次，灵子去参加一个同学聚会，无意之间听说赵家的上一次婚姻之所以失败是因为他和一位女同事有暧昧关系。从此，她开始留意赵家的行踪和电话。

　　本来心情就不好的灵子，因单位效益不好精简员工，被迫下岗了。这样，她越发加紧了对赵家的"看守"。赵家想缓解灵子的焦虑情绪，就说："你现在不用上班了，我们要个孩子吧？"

　　灵子随口就说："我怀疑你没有资格做个好父亲。"赵家听后勃然大怒，跟灵子大吵了一架，从此他们之间产生了裂痕。

　　灵子下岗，赵家的事业却蒸蒸日上。每当忙碌的赵家带着满身疲惫回到家时，看到的却是灵子冰冷的表情。赵家感觉自己快要崩溃了。他开始晚回家，偶尔甚至不回家。这引起了灵子更深的猜疑和不满。

　　深夜，趁赵家睡觉的时候，灵子翻看了赵家的手机。看到通话记录时灵子惊呆了。一个陌生号码一天给她的丈夫打十几次电话，并且很多次通话时间都超过了半小时。第二天，她找来赵家的朋友，想问个清楚。可那位朋友却支支吾吾，这让灵子更加迷惑。她一怒之下拨通了那个号码，果然不出她所料，对方是个女的，并且那个女人说："赵家爱我，我也爱他。"

　　愤怒的灵子当场就把电话摔了，她直奔赵家的工作单位，恰巧赵家在主持一个会议。灵子不顾众人的劝阻，当即就冲进了会场。灵子的举动在赵家的单位引起了轩然大波，赵家被责令停职反省。这样一来，不光赵家的事业陷入了低谷，他们的婚姻也面临结束。

　　灵子回了娘家。她想着与赵家在一起生活的一幕幕，心中充满了懊悔。看到女儿伤心的样子，灵子的父亲心疼不已，他决定放下岳父的架子去与赵家谈一谈。来到女婿家,看到赵家憔悴的样子,他也不由得心疼。

最后,他说:"不管你以前做过什么,这一次是我女儿错了,他不该去你们单位闹,她也挺后悔的。赵家,你知道灵子爱你,她这么冲动,完全是因为她爱你。"

第二天,赵家来到岳父家。二老找个理由出去了,只留灵子和赵家两人在家中。两个人沉默不语,最后赵家说:"灵子,我们回家吧。不要再让父母操心了。我错了,我会改的。"灵子满脸是泪,没有说话。

后来,在父母的劝说下,灵子回到了自己的家。赵家给灵子买了玫瑰花和巧克力,灵子亲自下厨做了赵家爱吃的菜。席间,赵家对灵子说:"灵子,都是我不好。我们重新开始好吗?"灵子点了点头,说:"希望我们以后的生活会更好。"

有句话说得好:结婚之前要睁大双眼,结婚之后要睁一只眼闭一只眼。其实在婚姻生活中,你不妨戴上一副眼镜,一只镜片是宽容,另一只镜片是谅解,你没变,他没变,生活也没改变,变得只是你看待生活的方式。你们的心态变了,争吵少了,误会少了,快乐也就多了。

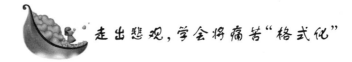

走出悲观,学会将痛苦"格式化"

格式化这一概念源于电脑领域,简单的理解,就是把数据清零,删掉存储器内的所有数据,并将存储器恢复到初始状态,从而提高工作性能。

其实人生就如电脑,电脑需要"格式化",人生也需要"格式化"。人的一生,不可能没有一点挫折和痛苦,如果我们老是沉浸在回忆中,悲观厌世,那么,只能是死路一条。忘却痛苦需要花很长的时间,因此,最省事、最直接的办法就是把痛苦全部"格式化"。人生无常,面对时刻都在变幻的世界,我们或多或少都会有一种无力感。太多的事情让我们担心，如果不控制自己，这种悲观的情绪会把自己慢慢逼到死角。

有一位母亲总是十分悲观，她对什么事情都很担心，因此整天生活在痛苦之中。

有一天，这位母亲独自一人去买东西，她把车停好以后，然后到商场采购。等她拎着大包小包出来，走到停车场的时候，发现几位警察正等在她的车子旁边。她慌了，不知道自己犯了什么错，慌乱之下，脑袋竟然一片空白，愣了好半天，才想起打电话给自己的女儿。

"我是妈妈啊！现在，在商场的停车场，你赶快来！有好多警察围住了我的车子，不知道发生了什么事！你赶快来啊！"妈妈焦急地对着电话喊。

女儿正在开会，听到妈妈的声音变得颤抖，立刻请了假，朝着不远的商场走去。当女儿赶到的时候，发现妈妈脸色发白，神情紧张。

女儿陪妈妈走到车子旁边，气喘吁吁地问那几位警察：

"警察先生，发生了什么事吗？"

几位警察愣了一下，其中一位说："没发生什么事呀，我们在这值勤呢，警察也得有个地方站一站啊！"

还有一次，这位母亲患了流感住院，她躺在病床上痛苦地对家人说："我……我可能不行了！"

原来这位母亲在自己的病历上发现了一个惊叹号，她认为自己肯定是得了不治之症。家人无奈只好去找护士："护士小姐，为什么这位病人的病历表上画了个大惊叹号？"

护士回答："那是要打点滴的标志，怎么啦？"

可见，情绪悲观，草木皆兵，这位母亲生活在巨大的痛苦之中。她的悲观、焦虑、恐慌情绪既给自己带来了不幸，也让周围的人得不到安宁。生活中像这样悲观的人还有很多，他们常常担心走路天会塌下来，在单位领导会给小鞋穿，与人交往会遭到背叛……总之，恐惧与其相伴，失望与其随形，悲观把他们折磨得痛苦不堪。

其实一个人的一生或多或少都会产生悲观情绪，当一些事不尽如人意时,悲观情绪就会悄然无声地光临了。如果不做调整,我们很容易一蹶不振,生活在黑暗之中,永无光明可言。庸者在悲观面前徘徊不前,智者却善于化悲观为乐观,将痛苦"格式化",从而开创一片人生的新天地。

一天,4岁的麦克在自家农庄后面的树林中玩耍,忽然,他看见不远处有一头豪猪,麦克觉得很有意思,于是睁大了眼睛想看个清楚。可他还没得及细看,便觉得脸上一阵剧痛,原来一个小伙伴不小心将手里挥动着的极热的烧焊器打在了他脸上。霎时,麦克就什么也看不见了。

麦克很快就被送往医院进行检查,结果他的左眼球被击破。不幸的是,由于炎症,半年后,麦克的右眼也失明了。从此他只能生活在一片黑暗中。

痛苦的麦克整日哭闹,为了鼓励弟弟,哥哥伊安告诉他:"你的耳朵就是你的眼睛!"

麦克听了哥哥的话,照哥哥教他的方法去练习,一段时间后,他可以循着青蛙的叫声捉到它们。

可是光靠耳朵也不行,他还想去看树上熟透的野果,地上忙着搬家的蚂蚁……这时,妈妈对他说:"你的手和脚就是你的眼睛!"

在妈妈的帮助下,麦克学着用手去抚摸东西,用脚去丈量距离。很快,他便在熟悉的环境中行动自如,还能从树上采摘果实。后来,麦克进入了一家盲人学校,学习了很多知识。

麦克渐渐长大,他开始明白自己跟别人不同,并因此变得自卑。一天,爸爸看出了麦克的心思,于是就对他说:"孩子,你的心就是你的眼睛啊!"

麦克认真琢磨父亲的话,忽然,他好像明白了什么。从此之后,麦克逐渐调整自己的心态,他不再抱怨,因为这只会让他更加痛苦,他下决心要用自己的心灵来"看"这个世界。

122

他试着学习各种乐器,他还开始学习摔跤、游泳、短跑、标枪、铁饼等,并一次次在比赛中获得冠军。

中学期间,麦克先后夺得 11 项加拿大全国冠军和 6 个国际锦标赛冠军。后来,在全美首届盲人滑冰锦标赛中,他又一次夺冠并创下世界新纪录。1984 年的洛杉矶奥运会,他成了从纽约向会场传递圣火的优秀运动员之一,此时他已赢得了 103 枚奖牌。麦克坚定地向前走,迎来了生命中最辉煌的时刻。

面对人生的巨大遗憾,麦克没有陷入深深的自卑,反而从悲观情绪中走出来,勇敢地忘记了痛苦,迎来了人生新的天地。

是的,世事难料,生活中的很多事我们无法主宰,一味地悲观失望,只能让痛苦加剧。

时下,很多家庭都在为孩子考学的事儿烦恼。考上了理想中的学校还好,皆大欢喜,没考上的家庭则是愁云密布。其实家长们大可不必如此。考上了固然是好事,但如果孩子努力了,仍然考不上,那就不要一味地责怪他,那样会给他的心理造成不良影响。其实,上帝在给我们关上一道门的同时,一定会给我们打开一扇窗。孩子没有考上理想的学校,说不定会在别的地方展露才华。

当你被烦恼困扰得情绪紧张时,当你承受巨大的压力时,请大声地告诉自己,凭借我的斗志和坚强的意志力,完全可以克服困难,可以改变自己痛苦的心境,让痛苦全部"格式化"。

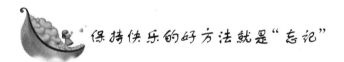

保持快乐的好方法就是"忘记"

有一种保持快乐的好方法,那就是"忘记"。忘记烦恼、忘记失意、忘记痛苦、忘记伤悲、忘记亲人的远离、忘记他人对你的伤害、忘记朋友对你的背叛……总之,该忘记的往事你都要忘记。忘记了人生旅途中的这些恩恩怨怨和是是非非后,就如同搬掉了"绊脚石",快乐也就会如约而至。

快乐是什么?加拿大钢琴大师布雷默说:"快乐是发自内心的心

灵发现"。法国思想家罗曼·罗兰说："快乐是一个人经常维持像孩子一般纯洁的心灵,用乐观的心情做事,用善良的心肠待人,忘掉一切过去的事情。"

可见,快乐是一种心理感受,快乐需要忘记:不为生活的贫乏而唉声叹气,不为亲人的离去而痛哭流涕,不为爱人的背叛而伤心不已,更不为生存环境的改变而长吁短叹。也就是说,忘掉生活中种种不幸的往事,拥有一颗释然的心,这样才能得到快乐。

济慈寺中有一个修行颇好的和尚悟缘,他刚入寺修行不久,他的父亲就去世了,这对于孝顺的他来说无疑是一个沉重的打击,可是就在父亲出殡的那天,悟缘竟然一改沉痛,面带笑容地送走了父亲的遗体,然后气定神闲地走回自己破旧的小屋。邻居都以为他是悲极而疯,可是从他的表现来看,好像又并非如此。

邻居大惑不解,便问悟缘:"你失去了最后一个亲人,为什么你还这么高兴,难道你不知道这是对你父亲的一种不孝之举吗?"

悟缘不以为然地说:"非也,非也,我的父亲已经去世了,无论我怎么痛苦,也无法让他老人家活转过来,与其悲痛,倒不如忘记,我快乐地生活,也是九泉之下的父亲最希望看到的事。"

邻居恍然大悟。

可见,快乐是一种忘记。亲人的离去固然让人悲痛,但与其伤心不已,不如快乐地面对,从悲伤中走出来,这也许是九泉之下的亲人最希望看到的事了。忘记过去,才能将更多的时间交给现在,精力充沛地面对现在的生活,信心百倍地迎接未来,从而快乐地生活。

悟缘的做法值得大家借鉴。是的,正因为忘不掉往事,比如说忘不掉亲人的生离死别,忘不掉世间的恩怨情仇,忘不掉过去的是是非非,所以人活得很累,往事就像一座大山一样压得我们喘不过来气,生活毫无快乐可言。

张阳最近老是失眠,经常借酒浇愁。因为前段时间他处了一个女朋友,他十分痴情,可是随着交往的深入,他心里越来越难受,他了解到女朋友在认识他之前,曾与另一个男孩子相处了六年。他本来考虑与她结婚,但越想越觉得生气,越想越感到委屈。他痛苦地对朋友倾诉说:"她曾和别人有过六年啊……"

张阳把自己的思维逼进了一个死胡同,他明知道是个死胡同,可还是要往里面钻,就像可怜的飞蛾,拼了命要在灯光那儿跳舞。他忘不了女朋友的过往,但是又不愿意放弃,每天被这样的念头纠缠着,简直是痛不欲生。

是的,张阳正是因为搬不开女朋友往事的"绊脚石",结果把自己逼进了死胡同。他用狭隘的思想把美丽的相遇变成了地狱。本来,他找到了一个自己非常喜欢的女孩,应该很快乐才对,但他偏不这样想,而是对她的过去穷追不舍,这无异于自寻烦恼。如果他搬不开这块"绊脚石",那么他将永远与快乐绝缘,甚至与幸福绝缘。

想做一个快乐的人,就要拿得起、放得下,就要让痛苦的往事随风而去,"船过水无痕,鸟飞不留影",所有往事都不会成为影响现在快乐的理由,做到了这些,才是真正的洒脱,才是真正的快乐人生!

话说有一只白猫和一只黑猫,它们生活在主人家里,衣食无忧,受尽恩宠,好不快活。可是有一天,它们被主人送给了一个好朋友,这个朋友比较粗心,他常常忘了给猫儿们喂食,甚至连一个安乐的窝也没有为它们准备,它们经常忍饥受冻。

于是白猫整日以泪洗面,懒懒地趴在角落里,想自己的心事,它觉得环境太陌生,想想过去的种种美好,又想想现在的种种冷遇,它觉得自己是世界上最不幸的猫。

可是小黑猫不是这样,它每天都很快乐,它一刻也不闲着,东逛西游自己找乐不说,还常常转着圈儿追赶自己的尾巴,玩得高兴极了。

白猫很不理解地问它:"你为什么这么快乐,难道你忘了过去的生活吗?"

小黑猫说:"过去就过去了呗,现在想还有用吗?快乐是要靠自己找的,你看,捉尾巴就很快乐呀!"

白猫听后也试着转圈儿捉自己的尾巴,它果然觉得很快乐。

同样的生活环境,两只小猫的感受却不一样。黑猫之所以快乐,是因为它忘记了过去的锦衣玉食,注重活在当下,而白猫却止步不前,老想着过往的那些事,结果把自己弄得郁闷不说,还对生活渐渐失去了信心。可见,能否"走出过去",这是能否获得快乐的重要前提。

人生就是这样,生离死别、爱恨情仇、物是人非……许许多多痛苦的事情我们谁也无法回避,既然如此,那么怎样才能搬掉这些痛苦的"绊脚石",让自己快乐起来呢?秘诀就是两个字:忘记! 忘记曾经发生过的一切,让往事随风而去,这样才能真正享受人生的快乐!

第七章　品味生活:生活就是苦中作乐

　　失败是成功之母,每个人在实现梦想的路上都会经历失败,失败并不可怕,可怕的是你有没有在失败之后再爬起来的决心。在哪里跌到就在哪里爬起,沿着原来的方向继续往前走,总有到达目的地的一天。

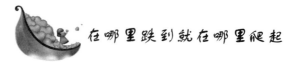

在哪里跌到就在哪里爬起

失败是成功之母,每个人在实现梦想的路上都会经历失败,失败并不可怕,可怕的是你有没有在失败之后再爬起来的决心。在哪里跌到就在哪里爬起,沿着原来的方向继续往前走,总有到达目的地的一天。

哪里跌倒,哪里爬起来,说起来似乎没有什么困难的,但是真正做到的人却很少。因为让自己接受失败,再次树立起被打击得的自信心的确是件困难的事情,但是如果你想成功,你就必须具备在哪里跌倒就能在哪里爬起这样的勇气,因为在成功的路上,摔跟头是再正常不过的事情。

那已是他在一年里失去的第六份工作,他拥有英语六级证书,第一家公司却认为他口语不过关;他是电脑二级程序员,第二家公司却嫌他打字速度太慢;第三家他与部门经理不合,他主动炒了老板;接连的,第四家,第五家……他暗淡地说:"一次次全是失败,让我浪费了一年的时间。"

朋友一直耐心地聆听,此刻说:"讲个笑话给你听吧。一个探险家出发去北极,最后却到了南极,人们问他为什么,探险家答:因为我带的是指南针,我找不到北。他说:怎么可能呢,南极的对面不就是北极吗? 转个身就可以了。"朋友反问:"那么失败的对面,不就是成功吗? 跌倒了不怕,只要你勇敢地爬起来,总会有成功的一天。"一瞬间,他觉得自己又有了自信,他又开始了自己的求职之路,终于功夫不负有心人,他找到了一家很适合他的公司,在那里发展得很好。

这个故事告诉我们,失败是成功路上必不可少的伴侣,如果你没有勇气在失败了之后爬起来,就永远没有出头的一天,当你把失败当成是一种考验,在哪里跌倒就在哪里爬起来,才是追求成功的人应该具备的。

大部分人在一生中都不会一帆风顺,难免会遭受挫折和不幸。但是成功者和失败者非常重要的一个区别就是,失败者是摔了个跟头以后,就害怕再摔,所以没有勇气爬起来;而成功者则会爬起来继续往前走,因为他们懂得哪怕多走一步,也是距离成功更近了。一个暂时失利的人,如果继续努力,打算赢回来,那么他今天的失利,就不是真正失败。相反的,如果他失去了再次战斗的勇气,那就是真的输了!

美国百货大王梅西也是一个很好的例子。他于1882年生于波士顿,年轻时出过海,以后开了一间小杂货铺,卖些针线,铺子很快就倒闭了。一年后他另开了一家小杂货铺,仍以失败告终。

在淘金热席卷美国时,梅西在加利福尼亚开了个小饭馆,本以为供应淘金客膳食是稳赚不赔的买卖,岂料多数淘金者一无所获,什么也买不起,这样一来,小铺又倒闭了。回到马萨诸塞州之后,梅西满怀信心地干起了布匹服装生意,可是这一回他不只是倒闭,而简直是彻底破产,赔了个精光。不死心的梅西又跑到新英格兰做布匹服装生意。这一回他时来运转了,他买卖做得很灵活,甚至把生意做到了街上商店。头一天开张时账面上才收入1108美元,而现在位于曼哈顿中心地区的梅西公司已经成为世界上最大的百货商店之一。

梅西没有因为自己的几次失败就失去信心去做买卖了,相反,他一直在努力尝试,失败了再来,跌倒了再爬起来,即使破产了,也没有动摇他的决心,最终他成功了,成了美国的百货大王。有句古话叫做:天将降大任于斯人也,必先苦其心志,劳其筋骨,饿其体肤。这就是说成功的人必定要经过一些波折,只有百折不挠的人,才能最终尝到最甜美的果实。

做生活的强者,不自怜自艾

129

生活有时候的确很残酷,会给人带来意想不到的灾难,在灾难面前;很多人都会埋怨生活的不公平,整天自怨自艾,失去了奋斗的信心,灾难对于这些人而言,是一道无法逾越的深渊;而勇敢的人,面对生活带给他们的灾难,也会失望,也会痛苦,但是失望痛苦过后,他们想得更多的是怎样去战胜这些灾难,他们绝不允许这些灾难永远阻碍住自己前进的脚步,他们是生活的强者。

1998 年 7 月 22 日,中国体操名将桑兰在第四届美国友好运动会的一次跳马练习中不慎受伤,撕碎了她所有的奥运梦想,也彻底改变了她的生活方式。然而,命运的多舛并没有让桑兰低头,她在轮椅上不断创造一个又一个人间奇迹。1999 年 1 月,她成为第一位时代广场为帝国大厦主持点灯仪式的外国人;1999 年 4 月,桑兰荣获美国纽约长岛纳苏郡体育运动委员会颁发第五届"勇敢运动员奖";2000 年 5 月她点燃中国第五届残疾人运动会火炬;2000 年 9 月她代表中国残疾人艺术团赴美演出;2002 年 9 月,桑兰加盟世界传媒大亨默多克新闻集团下属的"星空卫视",担任一档全新体育特别节目《桑兰 2008》的主持人。桑兰的手指不能弯曲,握不住东西,她就在手掌上套个特制皮套固定住匙子,即可自己吃饭了,她还把一直在她身边照料她的母亲打发回老家宁波,执意要学会自己独立生活。2002 年 9 月,桑兰被北京大学新闻与传播学院新闻系破格免试录取,就读广播电视专业。她的数学基础很差,她自己用"惨不忍睹"四个字来形容,然而,她又得要必修统计学、高等数学课,由于桑兰受伤之后,手指完全不能同普通人一样进行书写,她只能用那种非常粗的记忆笔夹在拇指和食指中间,然后通过手臂的力量带动笔书写,十分艰难,桑兰每天都复习到凌晨一两点,宿舍桌子上堆满了数学习题册。在大二第一学期,她为准备《市场营销》的考试,竟然在前一夜复习到凌晨 5 点半,然后稍事休息 2 个小时,就去考试了,她被同学们称呼她为拼命三郎。经过四年勤奋刻苦的学习,桑兰终于顺利地拿到了北大毕业文凭,如今,桑兰在新浪网站工作,当上了一名体育记者,积极参与北京奥会的各项工作。

看到这里,我想没有人不会被桑兰感动,这是怎样坚强的一个人啊?突如其来的灾难对于一个花样年华的少女而言是一种怎样的打击? 美好的生活才刚刚开始,她却只能在轮椅上度过自己的余生。但是坚强的桑兰没有被生活打倒,她在轮椅上书写着自己的精彩人生,她一次次地向人们证明了自己的勇敢与坚强。

当生活充满阳光时,人人都会沉浸在其中,尽情享受温馨与甜蜜。谁也不会料到下一刻可能出现的狂风暴雨。如果在下一个拐角你碰巧遭遇"狂风暴雨",弄得你浑身湿透,一片狼藉。这时候你不要一味抱怨生活的不公,这时,你可曾想过就在上个拐角,你还在享受生活的阳光灿烂? 如果没有想过,就静下心来想一想,要坚信在你的勇敢之下,一时风雨终将过去,不久将出现镶有金边的云。正如歌中所唱:"阳光总在风雨后,请相信有彩虹……"

面对生活的不幸,请不要悲伤,不要哀怨,更不要轻易放弃! 人生短短的数十寒暑,日子总是要过的,为何不选择笑迎每一天呢? 请相信明天又是美好的一天,让我们做生活的勇者吧!

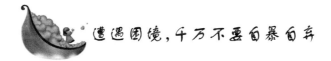

遭遇困境,千万不要自暴自弃

生活顺风顺水的时候,我们很少有时间去思考将来一无所有的时候会怎样,但是命运往往在你毫无准备的时候,让你失去一切,你面对的不再是阳光灿烂,只有狂风暴雨。这时,真正考验一个人的时候到了,该如何面对突如其来的变故? 有的人自暴自弃,彻底堕落;有的人积极面对,重整旗鼓,重新闯出了一片天空。

无论面对什么样的生活,没有人能够帮你创造幸福,只有自己才能帮助自己走出心底的阴霾。

一个经理,他把全部财产投资在一项小型制造业。由于世界大战爆发,他无法取得他的工厂所需要的原料,因此只好宣告破产,金钱的丧失,使他大为沮丧,于是他离开妻子儿女,成为一名流浪汉,他对于这些损失无法忘怀,而且越来越难过,到最后,甚至想要跳湖自杀。

第七章 品味生活: 生活就是苦中作乐

一个偶然的机会,他看到了一本名为《做生活的强者》的书。这本书给他带来勇气和希望,他决定找到这本书的作者,请作者帮助他再度站起来。

当他找到作者,说完他的故事后,那位作者却对他说:"我已经以极大的兴趣听完了你的故事,我希望我能对你有所帮助,但事实上,我却绝无能力帮助你。"他的脸立刻变得苍白,低下头,嗫嚅地说道:"这下子完蛋了。"作者停了几秒钟,然后说道:"虽然我没有办法帮你,但我可以介绍你去见一个人,他可以协助你东山再起。"

刚说完这几句话,流浪汉立刻跳了起来,抓住作者的手,说道:"看在老天爷的分上,请带我去见这个人。"于是作者把他带到一面高大的镜子面前,用手指着说:"我介绍的就是这个人。在这个世界上只有这个人能帮助你东山再起,前提是你必须彻底认识这个人,否则,你只能跳湖了。因为在你对这个人做充分的认识之前,对于你自己或这个世界来说,你都将是个没有任何价值的废物。"

他朝着镜子向前走几步,用手摸摸他长满胡须的脸孔,对着镜子里的人从头到脚打量了几分钟,然后退几步,低下头,开始哭泣起来。

几天后,作者在街上碰见了这个人时,几乎认不出来了,他的步伐轻快有力,头抬得高高的,他从头到脚打扮一新,看来是很成功的样子。"那一天我离开你的办公室时还只是一个流浪汉,我对着镜子找到了我的自信,现在我找到了一份年薪3000美元的工作,我的老板先预支一部分钱给家人,我现在又走上成功之路了,"他还风趣地对作者说:"我正要前去告诉你,将来有一天,我还要再去拜访你一次,我将带一张支票,签好字,收款人是你,金额是空白的由你填上数字,因为你使我认识了自己,幸好你要我站在那面大镜子前,把真正的我指给我看。"

这个故事生动地告诉我们在生活面前,没有人能成为你的救世主,除了你自己,当面对生活的挫折时,一味地自暴自弃只会让自己的状况变得更糟糕,如果你能够静下心来,思考自己失败的原因,再重新出发,就一定能够走出生活的阴霾,成为生活的强者。

世界上有很多著名的人物，他们的成就让世人瞩目，但是很少有人去真正体会在这些成就的背后，主人公要接受怎样的生活考验。

著名科学家霍金因患肌肉萎缩脊髓侧索硬化症（ALS）而几乎完全瘫痪，然而，就是这么一个重度残障人士却没有自暴自弃，凭借自己非常的意志力挑战自己的极限。最让人不可思议的是，连一般普通的健康人大都不敢上太空旅行，而已是 65 岁的坐在轮椅上的霍金却敢，不久前，他登上美国宇航局位于佛罗里达的"肯尼迪太空中心"的一架喷气机进行飞行，接受失重训练。这种零重力飞机飞行每次能够制造的失重感大约为半分钟，随后会在 3 万英尺的高空中以上下起伏的抛物线飞行。当飞机到达抛物线顶端时，机舱里的乘客和其他物体开始自由下落，在空中漂浮，就像他们在太空轨道中一样。霍金计划在 2009 年年初实现的太空之旅，开创残障人太空飞行先河。

霍金的感人事迹很多很多，谁会想象这样一个重度残疾的人能够取得如此辉煌的成就呢？他的遭遇对普通人来说无疑是致命的打击，但是勇敢的他没有自暴自弃，用自己的坚强向生活挑战，最终获得连一个正常人都很难取得的成就。

人的生命力是很旺盛的，尤其是在恶劣的环境中，当你有足够强烈的求生欲望或者成功欲望时，什么困境都不会成为障碍。所以遭遇困境时，千万不要自暴自弃，要用自己的意志去战胜困境，你一定会走出阴霾，迎来属于自己的一片艳阳天。

 **专注与坚持是实现梦想最好的方法**

我们经常在诉说自己的理想多么远大，经常羡慕某个成功人士的辉煌人生，但是我们可曾想过究竟怎样才能实现自己的理想？成功的人究竟是怎样获得成功的呢？如果我们仔细思考，我们会对这两个问题找到同样的答案：唯有专注和坚持，才能实现自己的理想，而成功人

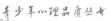

士没有一个不是专注与坚持的典范。

坚持才能成功，有很多事情不是一朝一夕就能完成的，甚至在进行的过程中还要遇到各种困难，阻碍你前进的脚步，这时候最需要的就是专注与坚持，只有这种力量才能让你一步一步朝前走，越来越接近终点。

西华·莱德先生是个著名的作家兼战地记者，他曾在1957年4月号的"读者文摘"上撰文表示他所收到的最好忠告是"坚持走完下一里路"，下面是其文章中的一段："第二次世界大战期间，我跟几个人不得不从一架破损的运输机上跳伞逃生，结果迫降在缅印交界处的树林里。当时唯一能做的就是拖着沉重的步伐往印度走，全程长达140英里，必须在8月的酷热和季风所带来的暴雨侵袭下，翻山越岭长途跋涉。才走了一个小时，我一只长筒靴的鞋钉扎了另一只脚，傍晚时双脚都起泡出血，范围象硬币那般大小。我能一瘸一拐地走完140英里吗？别人的情况也差不多，甚至更糟糕。他们能不能走呢？我们以为完蛋了，但是又不能不走。为了在晚上找个地方休息我们别无选择，只好硬着头皮走完下一英里路……当我推掉其他工作，开始写一本25万字的书时，心一直定不下，我差点放弃一直引以为荣的教授尊严。也就是说几乎不想干了，最后我强迫自己只去想下一个段落怎么写，而非下一页，当然更不是下一章。整整六个月的时间，除了一段一段不停地写以外什么事情也没做，结果居然写成了。几年以前，我接了一件每天写一个广播剧本的差事，到目前为止一共写了2000个。如果当时签一张"写作2000个剧本"合同，一定会被这个庞大的数目吓倒，甚至把它推掉，好在只是写一个剧本接着又写一个，就这样日积月累真的写出这么多了。"

"坚持走完下一里路"的原则不仅对西华·莱德很有用，当然对你也很有用。专注并坚持做下去是实现任何目标唯一的聪明做法。最好的健身方法说是"一天又一天"坚持下去。我有许多朋友用这种方法坚持自己的健身计划，成功的比例比别的方法高。很多人总是一次次给自己进行了详细的健身计划，但是一旦开始做的时候，就觉得很

选择生活中的乐趣

难坚持,能够成功的唯一方法就是每天坚持着跑一会儿,时间久了就会习惯这种方式,这样就能最终实现自己的健身目标。

英国作家约翰·克莱斯,可以说是全世界数一数二的多产作家,他一共出过564部小说,如果你以一年出10本来算,他花了将近五六十年时间在写小说。出了那么多书,你可能会以为他是百战百胜的作家,那你就错了,他曾经被退稿达753次!试问你承受得住753次的沮丧吗?这个过程是一种怎样的煎熬?但是他坚持下来了,所以他最终获得了成功。

专注与坚持的人更加容易成功,专注更能激发人的潜能,坚持能够创造奇迹。如果你现在还在自己的各种天花乱坠的想法中左右摇摆,那么,现在就停止吧!把自己最想做又最适合你的事情当成现阶段的目标,然后就专注于它,坚持着去实现它。

爱迪生这个童年被老师认为愚钝的人,他可是创造出1093项发明,不折不扣是个发明大王,你可知道他失败了多少次,他失败了3000次。所以作为大师的他会如此说:九十九分的努力,一分的天才。爱迪生就是在一次次失败中坚持自己的理想,最终成为世界著名的发明家。

作为平凡的人,我们也有自己的梦想,但是有多少人坚持了自己的梦想呢?如果你对自己的梦想很执著,非常想实现它,那么,就专注于自己的梦想吧,坚持走下去,即使遇到挫折与失败,也不要放弃,要知道专注与坚持是实现梦想最好的方法!

 战胜挫折,快乐就在不远处等着你

在爱尔兰,有一段路的尽头是一片悬崖,人们称之为"黑暗里程"。在生活中,每个人迟早也要走一段阴暗而危机四伏的路程。

人生的机遇也一样。日子也许像朝阳一样温暖,像绵羊一样可亲

135

可爱。但往往在某个时候,会突然遭遇到被人误解侮辱、压榨欺凌。更可怕的是,有时候厄运像车轮,无情的碾过你的身体,让你无暇顾及。

黄文涛,1970 年出生于上海,他生下来就双目失明:他从小上盲校,离开父母的怀抱,养成了自己照顾自己的习惯,懂得了自立、自信、自尊、自强。1985 年黄文涛加入盲童学校田径队,开始了他的体育生涯。他的主攻方向是短跑和跳远,可想而知,残疾人搞体育会给他带来多少无法想象的困难和意外。当时使用的是非常落后的助跑器。踏脚板是用一支细长的铁钉支着的。有一次训练中,铁钉斜伸出来,如果是正常人,可以很轻易地看出来,但他却什么也看不见,一脚踏上去,一股钻心的疼痛从脚底传来,他一下子昏了过去。后来才知道,铁钉穿过了跑鞋底和他的脚掌,又从鞋表面伸了出来。因为先天的缺陷,他搞体育运动要付出许多在正常人看来非常无谓的代价。教练员的示范动作,他看不清,只能"盲人摸象"似的一步步分解、揣摩,一遍遍练习。因为没有视力,经常发生碰撞而流血。通往跳远用的沙坑原来长满了青草,但两年后,在黄文涛的脚下出现了一条寸草不生的跑道。

1992 年,黄文涛参加了巴塞罗那奥林匹克残运会。沉着冷静的他超水平发挥,以 3 厘米之差打败了西班牙的胡安,赢得了冠军。当他站在领奖台上,聆听着庄严的国歌奏响的时候,心中充满了自豪感。

如果黄文涛对自己悲观失望,如果踩到钉子后他向命运认输,放弃追求,如果……在挫折、失败面前一旦意志涣散,人就会很快并永远地沉沦下去,命运就会把他踩在脚下。只要摔倒后再爬起,失败后再坚持,不停地努力,困难也会怕你,挫折、厄运也会向你低头。

愚公移山的故事中也讲到"山神听说,怕它挖山不止,就报告天帝,天帝为其诚心所动,便命人把山搬走了。"

传说中有一个人在游泳时将一颗珍珠掉入海中,他发誓要找回这颗珠子,便用水桶把海水一桶一桶地提起倒入沙漠里去,海神也怕他把海水弄干,赶快帮他找回了那颗珍珠。

每个人生下来都会有些瑕疵,总有些挫折和困难需要自己去克服。战胜挫折,快乐就在不远处等着你。

 ## 快乐的秘诀:装一点傻,多些糊涂

那些被我们嘲讽为"傻瓜"的人在生活中往往备受歧视,很多人不愿与他们为伍,更不愿自己也被人讥笑为"傻瓜"。其实"傻瓜"也有"傻瓜"的好处,"傻瓜"忍让、宽容,而这些都是精明人很难做到的。"傻瓜"的目光往往不够尖锐,这样一来反而不会挑剔,他们不挑剔别人,也不挑剔生活,他们因此而快乐,这就是糊涂的智慧。

我们经常听到这样的话:"糊涂是福""傻人有傻福"。通过这些话语,我们能得到这样一个快乐秘诀:做人不要太精明。一般来说,糊涂一点、傻一点的人,他们不计较,不算计,过得安稳,活得踏实,反而远离痛苦,活在快乐之中。而精明的人遇事太在意,太认真,这样反而会招来很多无谓的烦恼。所以,清代书画家郑板桥说"难得糊涂",在他看来,凡事看得太明白、太清楚、太透彻,会更生烦恼,还不如假装糊涂,眼不见心不烦,这才是快乐的秘密,是痛苦的解脱之术。

电影《阿甘正传》中的阿甘在一般人看来几乎就是个白痴,他父亲早逝,是母亲含辛茹苦地把他养大的。

阿甘是一个笨小孩,智商只有75,还天生腿脚不好。母亲为了鼓励他,常常对他说:"人生就好似巧克力,你永远也不知道接下来的一颗会是什么味道。"阿甘深信母亲的这句话,并牢牢地记着这句话。

因为阿甘傻,小的时候受尽了小朋友的欺侮,软弱的阿甘只有拼命地逃跑。傻人有傻福,逃跑不仅治好了他的腿脚,他还因为拥有跑步这项特长,顺利地完成大学学业并参了军。

战斗中,阿甘所在的小分队遭到了敌人的伏击,精明的丹中尉命令他乖乖地待在原地等待援军,但傻傻的阿甘冲进枪林弹雨里搭救战

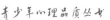

友布巴，他也因此成为战斗英雄，获得了人们的认可和尊重。

战后，不知深浅的阿甘决定去买一艘捕虾船，因为他答应过布巴，要做他的捕虾船的大副。丹中尉笑着对他说："如果你做捕虾船的大副，那么我就是太空人了！"可阿甘傻傻地说，承诺一定要兑现。最后，阿甘成了船长，丹中尉当了他的大副。

女孩珍妮和阿甘青梅竹马，可珍妮并不愿意嫁给他。于是，珍妮让阿甘远离自己，不要再来找她。尽管珍妮已经有了男友，可傻傻的阿甘仍然每天都给珍妮写信。珍妮一次又一次地离开，要是阿甘稍微聪明一些，他都会放弃她，因为获得珍妮的爱情没有任何希望。但或许是上天怜悯他，阿甘最后终于收获了珍妮的一片真情。珍妮生病去世后，还给阿甘留下了一个可爱的儿子。

有时傻一点并不是什么坏事，阿甘的成功，可以说正是得益于他的傻。因为傻，他不去计较输赢得失，所以他快乐；因为傻，他看不到危险，所以他勇敢。他一直承受着歧视带来的痛苦，他并不是不知道自己与别人不同，他只是在装糊涂，不愿意去计较而已。其实傻子阿甘并不是最傻的，因为"天下最傻的人，是把别人当傻子的人"。

生活中的我们不妨多些糊涂的智慧，这样也会多些快乐。

唐代宗时，郭子仪因为在平定安史之乱中战功显赫，成为唐朝的功臣，因此唐代宗就招了郭子仪的儿子郭暖为驸马，将升平公主嫁到他家。

有一天，小两口因为一点小事争吵起来，郭暖看见妻子根本不把他这个丈夫放在眼里，气愤地说：

"你有什么得意的，不就是仗着你老子是当今圣上吗？实话告诉你吧，你们李家的江山可是得益于我父亲才保全的，是我父亲不想得到皇帝的宝座，所以才让你父亲当了皇帝。"

升平公主听到郭暖竟敢说这样大逆不道的话，立刻奔回宫中，告诉了父亲。她满以为父皇会替她出口气，教训一下郭暖。

谁知，唐代宗听完公主的汇报后，不但没有大发雷霆，反而静静地说："你还小，有许多事你还不懂。我告诉你吧，郭暖说的都是实话。

李家的江山是你公公郭子仪保全下来的,如果你公公想做皇帝,他早就是了,天下就不是我们李家的了。"

唐代宗告诫升平公主不要给丈夫乱扣"谋反"的大帽子,夫妻之间要和和气气地过日子。在唐代宗的劝解下,升平公主消了气,自动回到了郭家。

郭子仪很快也知道了这件事,可把他吓坏了。他知道,儿子的这番话大逆不道,皇帝要是怪罪下来,问题可就大啦。郭子仪马上让人把郭暧捆绑起来,送到宫中向皇上请罪,要求皇上严厉责罚。

可是,唐代宗没有一点怪罪郭暧的意思,反而劝慰他说:"这是小两口吵架时说的气话,我们当老人的就不要认真了,有句俗话说得好:'不痴不聋,不为家翁'儿女们在闺房里讲的话,我们何必当真?我们做父母的,很多时候就得把自己当成聋子和傻子,这样,就什么事都没有了。"

"不痴不聋,不做阿姑阿翁。"意思是说,作为岳父母或公婆,对儿子与媳妇、女儿与女婿的私事应当少问少管,不妨睁一只眼闭一只眼,装装糊涂。这样一来,家中的矛盾少了,做长辈的烦恼也会减少很多。生活中,很多时候就是要做"痴聋"的"阿翁",这样,就会少去很多烦心事。

在生活中,要学会做一个聪明的"傻人",头脑清醒,看事准确,在适当的时候不妨装装傻。

装傻其实是一种境界,那种明了一切却不点破的智慧,最让人心动、佩服。"装傻"并不是忍气吞声,只是换一种思维方式。因为生、活中有一些事太明白、太较真给我们带来的损失和伤害会更大。

丽莎吵着要离婚,这让同事惊讶不已,以前丽莎总是开口闭口把老公夸个没完,惹得其他女同事羡慕不已。问她为什么要离婚,丽莎气冲冲地说:"他太没良心,亏我对他那么好!他全身上下每一样都是我亲手给买的,我整天像个保姆一样,饭给他做着,衣服给他洗着,为了这个家,我付出了那么多,结果却换来他对我的欺骗。他对我隐瞒他的行踪,结果被我发现了,他还大言不惭地说我平常疑心重,因怕我误会所以才没有告诉我,这算什么理由?我明知道他口袋里有300元钱,可是第二天他就不承认了,这日子是没法过了。"

同事小李路过,听了这番话随口说道:"300元钱与幸福婚姻相比,孰轻孰重?"

丽莎听后哑口无言。是啊,300元钱与幸福婚姻相比,孰轻孰重?这个答案谁都明了。但在生活中很多人往往本末倒置。有智慧的人,从不对所有事情都探究个一清二楚,因为他知道,自己不可能世事洞明,把一切看得太清不仅伤了自己的眼还会累了自己的心,更会连累到婚姻,只要婚姻不偏离正常的轨道,不违反道德底线,对于这种小事,不妨装装傻,你的生活会轻松很多,快乐也不会逃走。

古人云:大智若愚,大巧若拙。因为活得简单,所以没有负担,所以少了很多无谓的折磨。

一个懂得糊涂哲学的人,一定是个快乐的人。这样的人,在茕茕孑立之时,能浑然超脱。在与君子相处时,能憨态可掬,在无所事事时,能耳清目明,在处理事务时,能洒脱不羁;在得意时,能淡然坦荡;在失意时,能泰然处之。这是人幸福的种种状态,所以在这里,我们为快乐的秘诀总结出八个字:装一点傻,多些糊涂。

选择生活中的乐趣

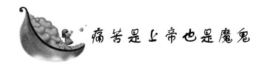

痛苦是上帝也是魔鬼

你痛苦过吗?答案是肯定的,痛苦常常会给人很多警示:小时候,一次不小心打翻了暖瓶,烫伤了自己,从此知道了开水不是好玩的;上学时,因顶撞老师而受到重罚,从此懂得了要想得到别人的尊重首先要学会尊重别人;工作时,因自己的过失给公司造成重大损失而被炒鱿鱼,从此明白了机会永远是留给准备充分的人的。痛苦并不可怕,可怕的是陷在痛苦的泥潭中不能自拔。

德国哲学家尼采曾经说过:"不仅要在必要的情况下忍受一切痛

苦,而且还要喜爱一切痛苦,因为痛苦是人生前进的动力。"我们的人生始终与痛苦相伴,因为有痛苦,人生才完美。因为有了痛苦这位最好的老师,我们才会从一个懦弱者变成一个坚强者。痛苦是上帝也是魔鬼,痛苦能让失败者变成成功者,能让充满希望的人变得消极绝望。痛苦是上帝还是魔鬼,就在我们的一念之间,坚强者把痛苦当作动力,去寻找快乐的彼岸;而懦弱者则会在抱怨痛苦的深渊中沉沦,从此与快乐绝缘。

美国青年班·符特生双腿高位截肢,面对人生的巨大痛苦时,班·符特生没有消极绝望,而是用超人的毅力战胜了痛苦,走向了全新的人生。

1960年,班·符特生砍了一大堆粗树枝,准备做家中菜园里豆子的撑架。当他把那些树枝装在车上,开车回家时,一根树枝滑到车下,卡在引擎里,恰逢车子急转弯,车子翻出路外,把他挂在树枝上。他的脊椎受了伤,造成了瘫痪。

那一年,他才24岁,从那以后,他从来没走过一步路。

如此年轻就要终身坐在轮椅上过日子,面对这突如其来的痛苦,班·符特生不知如何是好。他内心充满了愤怒和绝望,他不停地抱怨命运是如此不公,他沉浸在绝望中。可是随着时间一年年过去,班·符特生终于醒悟到抱怨命运和沉湎于痛苦中是一点用也没有的。

当他用内心的力量克服了伤心和绝望之后,生活就向他展露出了灿烂的笑颜。他开始看书,对文学作品产生了兴趣。他说,在十几年轮椅生涯里,他至少读了2000本书,这些书给他带来了全新的世界观,也因为这些书他的生活变得丰富多彩。他空闲时就聆听音乐,曾经觉得宏大的交响曲是那么沉闷,而现在却能让他非常感动。这还不是他最大的改变,他最大的改变是——开始思考人生,思考世界上的人和事。有生以来他第一次静下心来仔细地观察这个世界,他确立了新的价值观。他忽然发现自己以前所追求的很多东西一点价值也没有。

看书让他对政治产生了兴趣。他开始研究公共问题,并坐着轮椅到处发表演说,他在学习和交流的过程中认识了很多人,很多人也逐渐认识了他。靠着毅力和勤奋,班·符特生终于成了一名成功者。假如班·符特生没有高位截肢,假如班·符特生面对痛苦时意志消沉,那么,曾经的佐治亚州州府的秘书长将是另外一个人。

许多伟大的成功者的事业上都铭刻着"痛苦"两个字。痛苦促使他们加倍地努力而得到更多的报偿。正如威廉·詹姆斯所说的:"我们的痛苦对我们是一种持久的帮助。"

如果你拥有梦想,而且你已经踏上了追求梦想的旅途,那你就要学着去接受痛苦、体验痛苦。你也许会说:"我再不需要痛苦,我体验的痛苦已经够多的了。"如果你觉得你体验的痛苦已经很多很多,那你将被痛苦扼杀。你要永远铭记"痛苦是人生的老师"这句话,痛苦会把人推到绝路,让你在绝境中,要么生,要么死,要么前进,要么后退。

个人的痛苦是狭隘的。当你觉得被痛苦折磨得痛不欲生时,其实你所体验的痛苦早就被很多人体验过了。所以在追求梦想的征途中,你要试着去做不幸者的朋友,打开你痛苦的视野,让你狭隘的心灵深深懂得他人的痛苦是多种多样的,在你的痛苦之外还有着千百种痛苦。有疾病的痛苦,有衰老的痛苦,有失去孩子的痛苦,有失去母亲的痛苦,有失败的痛苦,有被朋友出卖的痛苦,有孤独的痛苦,有无人诉说的痛苦……

当你渐渐感受了许多种痛苦后,你一定要明确你不能被这些痛苦吓倒,你要懂得痛苦是推动你前进的人生动力。

美国某航空公司的董事长艾迪·肯贝克12岁时,父亲死于车祸,母亲则在不久后的某一天离开了家,同时带走了他的两个妹妹,再也没有回来。没有人要他,他只能靠邻居的接济维持生活。他很害怕别人叫他孤儿,也害怕别人像看待孤儿一样来看待他,但他确实成了孤儿,别人也只能这么看待他。开始他住在镇上一个很穷的人家里,日子过得很艰难,后来男主人失了业,他们再也没有办法养活他。后来他被一对年老的夫妇收留,去了一个很远的农庄。

男主人已经70多岁了,而且常年卧病在床。他告诉小艾迪说:

"只要你不撒谎,不偷东西,听话懂事,你就能一直住在这里。"

这三个要求成了小艾迪的《圣经》,他完全遵守着这三个约定,因为他实在害怕无家可归。他开始上学了,可是第一个礼拜,他就躲在家里号啕大哭起来,因为在学校里其他孩子都来找他的麻烦,拿他的大鼻子取笑,说他是个笨蛋,还说他是个"孤儿"。他伤心得想去打他们,可养父阻止了他:"孩子,我知道你很伤心,但去打他们并不能改变这些,试着去接受这些并慢慢改变吧,总有一天你会发现这些不是负担,而是你的财富。"

小艾迪真的接受了这些痛苦,并把这些痛苦铭记在心头,当作自己前进的动力。可以说,如果没有幼年的痛苦,就不会有今天大名鼎鼎的艾迪·肯贝克。

这种痛苦是上帝赐予的,从你开始追求人生目标时,你就要积攒这些财富,直到你学会了如何克服这些痛苦。

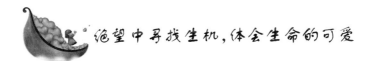

绝望中寻找生机,体会生命的可爱

在一个春光明媚的早晨,一只漂亮的鸟儿站在随风摆动的树枝上放声歌唱,树林里到处回荡着它甜美的歌声。

一只田鼠正在树底下的草皮里掘洞,它把鼻子从草皮底下伸出来,大声喊道:"鸟儿,闭上你的嘴,为什么要发出这种可怕的声音?"

歌唱的鸟儿回答说:"喔,田鼠先生,我总是忍不住要歌唱。你看,空气是多么新鲜,春天是多么美好,树叶是多么美丽,阳光是多么灿烂,世界是多么美丽,我的心中充满了甜蜜的歌儿,我无法不歌唱。"

"是吗?"田鼠睁大眼睛,不解地问道,"这个世界美丽可爱吗?这根本不可能,你完全是胡扯!世界上的任何事情都是毫无意义的,我已经在这儿生活了这么多年,我了解得很清楚。我曾经从各个方向挖掘,我不停地挖啊挖啊,但是,我可以告诉你,我只发现了两样东西,那就是草

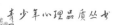
根和蚯蚓。再没有发现过其他东西,真的,没有任何可爱的东西。"

快活的鸟儿反驳说:"田鼠先生,你自己上来看看吧。从草皮底下爬上来,到阳光中来吧。你上来看看太阳,看看森林,看看这美丽可爱的世界,呼吸一下新鲜空气。这样,你也会忍不住感动得流泪。上来吧,让我们一起放声歌唱!"

只是眼光投射的方向不同,竟能有如此大的差异,显然,快活的鸟儿和迷惑的田鼠代表了乐观主义者和悲观主义者两种持不同生活态度的人。

如果老是把不快乐的念头放在自己心里,人生真的很难快乐起来,还不如在绝望的时候认真地问问自己:真的有这么糟吗?

美国洛杉矶电台主持人丹尼斯·普拉格说:"企图从每种情况下寻找正面意义的人,他们的生活是受祝福的:在每种情况下都只看到负面意义的人,生活则是被诅咒的。"

是的,在绝望中寻找生机,才能体会到生命的可爱之处。

第八章　精彩生活:让快乐来敲门

　　也许有人会说,都什么年代了,还助人为乐,我凭什么要帮助别人。帮助别人没有原因,也很简单,有时只是一个手势、一句话、一个微笑……对你来说不过是举手之劳,可是有可能回报你的远远不止这些。

解决别人的痛苦，感受助人的快乐

也许有人会说，都什么年代了，还助人为乐，我凭什么要帮助别人。帮助别人没有原因，也很简单，有时只是一个手势、一句话、一个微笑……对你来说不过是举手之劳，可是有可能回报你的远远不止这些。因为你在帮助别人的同时，也证明了你存在的价值，你也会从中得到满足和快乐。

也许你在帮助别人的时候，并没有想从别人那里得到什么回报，但是，这种无私的帮助常常能给你带来意外的收获，同时，你的帮助在给别人带来快乐的同时，也会让你感到快乐。难道不是吗？这也是那些懂得帮助别人，懂得与人分享的人为什么会活得开心的原因。

相反，那些心胸狭隘的人只知道贪婪、索取，他们根本不懂得分享的美好，他们每天只想着为了自己的利益而斗争，这样一来只会让自己疲惫不堪，也会让别人对他充满敌意和防备。这样怎么能快乐呢？

一个大雨滂沱的夜晚，社会学者维克多不小心陷进了沼泽地。四周没有一个人，维克多焦急万分，如果没有人来救他，他注定凶多吉少。他拼命地呼救，这时，一个骑马的年轻人正好路过，二话没说就用绳子将他拽了出来，并把他带到了一个小镇上。当维克多拿出钱对这个陌生人表示感谢时，年轻人摇头说："这不是我要的回报，我只要你给我一个承诺：当看到别人有难时，你一定要竭尽全力去帮助他。"

在后来的日子里，维克多帮助了许许多多的人，并把骑马的年轻人对他的要求告诉了他所帮助的每一个人。很多年后，维克多因轮船失事，被海水冲到了一个小岛上，一位男子帮助了他。当他要感谢这位男子的时候，男子竟说出了那句维克多已说过很多次的话："我不要任何回报，只要你给我一个承诺……"维克多的心里顿时涌上了一股暖流。

生活中,你的举手之劳也许会给别人带来很大的帮助,也会让我们的生活因你我的相互关爱而变得更加温馨。让你我的爱心传递变成一种习惯吧,这样我们的生活就会多了温情,少了不和谐。

帮助别人不是一种责任,而是一种快乐。当你向别人伸出援助之手时,就能体验到爱别人和被别人爱的幸福。

20世纪美国最杰出的无神论者西多·德莱特把所有的宗教都看成神话。他认为人生只是一个傻瓜说出的故事,没有任何意义,但是他却遵循耶稣所讲的一个道理,那就是帮助他人。德莱特说:"如果每个人想在漫长的人生中享受幸福,就不能只想到自己,而应为他人着想。"

有一位学者因为生病,已经多年没有下床行走了,但许多媒体评价他是最无私的人。

原来,他想尽办法,收集到了全国各地瘫痪病人的通讯地址,他给他们每个人写信,并通过信件鼓励他们、关心他们,激励他们勇敢地与病魔作斗争。他还把这些病人组织起来,让大家相互写信鼓励。

这位学者每年要在床上发出一千四百封信,他给成千上万的病人带去了快乐的笑声。

这位学者与其他卧病在床的病人最大的不同之处在于他深切体会到了幸福的含义,而这种体会正是他在帮助他人的过程当中获得的。萧伯纳说:一个以自我为中心的人,一天到晚都在抱怨别人不能使他开心。只有乐于助人,为别人带来笑声,他才能真正快乐。

海伦·凯勒说:"任何人出于善良的心,说一句有益的话,露出一个愉快的笑容,或者为别人铲平粗糙不平的路,这样的人就会感到欢欣,以致使他终身去追求这种欢欣。"

深圳有一个特殊的名人,她的名字叫"苹果",大家都说:"有问题找'苹果'吧,她最清楚。""苹果"本名陶红,只有21岁,却已在深圳打工4年。问苹果现在在哪里打工,她指着身上有义工标志的红马甲回答:义工联。苹果是南山区义工联唯一一个专职义工,这个打工妹为了做义工,竟然将自己原来的工作辞掉了。

147

苹果当义工纯属偶然,那时她刚来深圳,陪一个朋友到义工联报名,当时她也没多想,只是觉得好玩就报了名,没想到这一次的报名竟然影响了她的一生。

苹果第一次走进一甲村的赵伯家时,这个50多岁的中年人正坐在门口呆呆地望着天空。赵伯从小因小儿麻痹症导致四肢瘫痪,现在家里只有70多岁的老母亲在照顾他。因为老母亲身体也不好,赵伯已经很久没有走出村子了。见到苹果他很高兴,嚷着要苹果带他出去玩。于是苹果就到义工联借了个轮椅将赵伯推了出去。一路上,赵伯很兴奋,苹果却感觉很吃力。走着走着,苹果突然发现赵伯不说话了,她低头一看,只见这个50多岁的汉子泪流满面。赵伯说,他太高兴了。

苹果没有想到给别人带来快乐竟然如此简单,此后她更加积极地投入到义工联的各种公益活动中。

随着帮扶对象越来越多,苹果发现时间越来越不够用。其实,打工几年,苹果的工作也渐有起色,可以说是一年上一个台阶的。可当南山义工联需要招聘一个专职义工时,苹果坚决地辞掉了自己原来的工作。

专职义工每个月的工资只有900元,只是苹果以前工资的一个零头。许多朋友不理解苹果,说她傻,父母也不理解她,家里并不富裕,很需要她的支持。最后,苹果的执著感动了大家,身边许多朋友也被她带进了义工队伍,父亲为了减轻她的负担,不远千里来深圳打工。她不想让年迈的父母再辛苦,第二年,苹果把父亲劝回了家,自己在体育馆找了一份兼职,体育馆的上班时间是从傍晚开始,这样白天她仍然可以干她心爱的义工工作。

当有人问她为什么当义工时,苹果回答说:"我觉得帮助别人是一件很快乐的事情,不仅给人快乐,还实现了自己的价值。"苹果还说当了这么多年义工,帮助别人已经成了她的一种幸福,一种习惯。

一个人帮助别人不难,但若把助人当作一份工作、一种事业却是难上加难。苹果能做到这一点,可以看出她是一个心胸多么宽广的人。她在助人的同时,也获得了更多的快乐、更大的幸福。

何不在解决别人的痛苦中,感受助人的快乐呢?

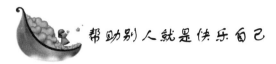 **帮助别人就是快乐自己**

帮助别人就是帮助自己。生活中当我们为别人付出的时候,本身就会体验到快乐,因为付出也是一种快乐。为别人付出我们的爱心,就种下一片希望,就会有硕果累累的一天,就能品尝到丰收的喜悦。

在一个路口上发生了堵车的事件,其实当时车并不算多,只因为那儿的红绿灯坏了,人们便互不相让,争着往前开,结果许多车横在路中间,弄得谁都过不去。当时如果大家都能相互让一下,可能早就都过去了,不至于堵半天。

这会让我们想到这样一个故事:

有人曾和上帝谈论天堂与地狱的问题。上帝对这个人说:"来吧,我让你看看什么是地狱。"他们走进一个一群人围着一大锅肉汤的房间。每个人看来都营养不良、绝望又饥饿。每个人都拿着一只可以够到锅的汤匙,但汤匙的柄比他们的手臂长,没法把东西送进嘴里。他们看来非常悲苦。

"来吧! 我再让你看看什么是天堂。"上帝说。他们进入另一个房间,这个房间和第一个没什么不同:一锅汤、一群人、一样的长柄汤匙。但每个人都很快乐,吃得很愉快。因为他们互相用自己的汤匙舀肉去喂对方。

因为自私,人们不肯帮助别人,不肯为别人而牺牲自己的一丁点利益,结果却是害人不利己,自己失去了很多。其实,帮助别人就是帮助自己,为别人而付出的同时,快乐便会进入你的心中,相反,如果困守在自设的真空中,不肯接受帮助也不愿意付出,那很有可能使自己窒息,很有可能像地狱中的人们一样,守着食物饿死。

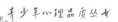

有一只蚂蚁正在外面闲逛，忽然一阵强风把它从地上卷了起来，吹到池塘里面去了，蚂蚁因为不会游泳，只能在水里奋力挣扎并大喊救命。

这时，一只鸽子正好经过池塘，听到有人喊"救命啊！救命啊！"于是停下来找，听声音从哪来的。在水池中挣扎的蚂蚁看见了鸽子，便拼命喊道："我在池塘里，快救命啊！"

鸽子看到池塘中快被淹死的蚂蚁，赶忙叼了一片树叶丢到了池塘中。快被淹死的蚂蚁使出全身力气，好不容易才爬上了树叶，然后随着树叶慢慢地漂到池塘边，这才算是捡回一条命。蚂蚁心存感激地对鸽子说道："谢谢你救了我，我一定不会忘记你！"

过了很久，这天蚂蚁正在外面寻找食物，突然看见森林里一个猎人正在用枪瞄准树上的一只鸽子。它仔细一看，正是曾经救过自己的那一只鸽子。

而正在树上休息的鸽子此时并没有觉察到猎人要拿枪打它。

蚂蚁不顾一切，快速爬到猎人脚下，狠狠地咬了一口，猎人疼得大叫，手中正在瞄准鸽子的枪掉在了地上，这一下惊动了鸽子，它吓得立即飞走了。

这虽然是一个童话，但所反映的道理却值得人们深思。不管何时，不管何地，只要我们肯付出，就能得到回报。只有在别人需要帮助的时候不假思索地伸出援助之手，才能在陷入危机时得到别人的帮助。

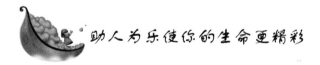

助人为乐使你的生命更精彩

有位在日本税务署服务的小林先生，为人忠厚、质朴。有一天，他去紫菜店收税，主人不在，大概是到江湾去采紫菜了。他沿着堤岸走到江湾，果然，他瞧见木村一家人正在忙着。年老的木村夫妇赤足泡在冬天的海水里,三个念小学的孩子,还有念中学的木村长女也都卷起衣袖,不惜裸露两只嫩白的手臂在海水里帮助采摘紫菜。

"多冷的天气啊。"心地善良的小林不禁想,"不管怎样美丽的手,那样泡在冰冷的海水里,不粗糙才怪! 市面上有长筒胶鞋,但为什么没有长筒胶手套呢? ——对啦,难道不能制造防水手套吗?"

他开始阅读有关书籍。正好他有个朋友在附近三兴化学公司服务,于是他到工厂去参观,吸收工艺知识。后来经过刻苦努力,经过反复更改,小林终于制出了胶皮手套的样品,并送给木村一家试用,征求改进意见。后来,三兴化学公司采用了小林的发明。那年底,他获得了一笔巨额赏金。

爱迪生在发明电灯时的目的是要让"家家户户都点上电灯"。所以,从一开始他对自己提出:发明的电灯必须简便、通用、便宜、耐用、无臭、无烟、无毒。他用1600多种材料做试验,发现白金灯丝效果较好,但是,他想黄金就够贵了,白金更贵,普通老百姓是绝对用不起的,于是他放弃了白金灯丝,继续寻找更合适的灯丝。

在我国历史上,也有许多以为人类造福为出发点而获得成功的例子,北魏贾思勰写《齐民要术》明朝宋应星写《天工开物》李时珍写《本草纲目》等等。

在一个多雨的午后,一位老妇人走进费城一家百货公司,大多数的柜台人员都不理她,但有一位年轻人却问她是否能为她做些什么。当她回答说只是在等雨停时,这位年轻人并没有推销给她任何不需要的东西,也没有转身离去,反而是拿给她一把椅子。

雨停之后,这位老妇人向这位年轻人说了声谢谢,并向他要了一张名片,几个月之后这家店东收到一封信,信中要求派这位年轻人往苏格兰收取装潢一整座城堡的订单。这封信就是这位老妇人写的,而她正是美国钢铁大王卡内基的母亲。当这位年轻人打包准备去苏格兰时,他已升格为这家百货公司的合伙人了。

这个年轻人的成功,就在于他比别人付出更多的关心和礼貌。

善意的力量也是无穷的,它带人进入崇高的境界。

151

善良是一剂良药。从善意出发,你的表现将会更加精彩,生命将会更加有意义。

请看维生素 C 的发明经过。

维生素 C 是发明者乔瑟夫·哥勒特·巴卡博士名字的第一个字母。哥勒特·巴卡出生并成长于纽约东区的犹太人街,他的家被不断降临的疾病与死亡的恐怖围着。他的父母开一家杂货店,他们把一切希望寄托在聪明的长子——巴卡身上,期待他做个出人头地的人。但是,这个 18 岁的年轻人目睹周围人们的痛苦,立志要当医生,想尽力做点事帮助他们。他说服了父亲,考进了医学院。在贝尔威医学院,他十分用功,以优秀的成绩通过所有科目,却带着迷惘毕业了。因为,他在学习中了解到,医学上的未解之谜太多了。当个混饭吃的医生,赚钱自然不是难事,而他下决心要不断地研究那些尚无法救治的疾病的原因,发现新的治疗方法,以便救治那些为疾病所折磨的人们。

他进入美国公众卫生局,30 年来安于每年 1600 美元的微薄薪俸,全身心地投入了"谜"一般的各种疾病的研究:黄热病、猩红热、伤寒、白喉以及意大利麻风病等。尤其意大利麻风病,病因及治疗方法的发现完全是他的功绩。为了救治病人,他甚至用自己的身体做试验,为此他感染了热病,有两次几乎丧命。当纽约市新建保健所时,40 岁的乔瑟夫被推荐为所长的第一人选。如果他答应了,那么贫困的生活便可结束,可是他毫不犹豫地拒绝了,他决不改变初衷:帮助染病的普通人。于是他到意大利麻风病流行的南部地区去了。乔瑟夫就凭着这种精神,发现了意大利麻风病的病因和治疗方法,同时发现了维生素 C。

乔瑟夫·哥勒特·巴卡博士的苦斗精神来自幼年时所获得的体验。在他看来,帮助人类免除疾病的痛苦,是比金钱更高贵的事业。

与人为善是一生要修的功课

孔子的弟子仲由在集市闲逛,见一买主与卖主争吵,就走了过去。只听卖主说:"我一尺鲁缟价三钱,你买八尺,共二十四钱,少一个子也不行。"买主争辩道:"明明是三八二十三,你多要一钱是何道理?"仲由觉得有趣,笑着对买主说:"三八二十四才对,你错了。"可买主固执己见,并问仲由敢不敢打赌。仲由性烈,当即以新买的头盔做赌注。买主也不含糊,赌注居然是项上人头。二人击掌为誓,然后去找孔子裁决。

孔子问明情况后,笑着对仲由说:"子路,你错了,快把头盔输给人家吧。"买主得意地拿着头盔走了。仲由大惑不解地问:"老师,分明是三八二十四,您为何判他对呢?"孔子说:"你输了,头盔还可以再买,若是那人输了呢?"仲由猛然醒悟。

用一个头盔换一条性命,这是智者的善良。很多时候,我们需要权衡轻重,如果与原则无关,不妨退后一步,给人一个台阶。表面上看,你吃了亏,但你的心灵会得到净化。

有个美军少尉从拍卖会上买了一箱上好的威士忌酒,海明威知道后,请求卖给他6瓶,多少钱都行。少尉想了想说:"这样吧,我用6瓶酒换你6堂课,教我成为一个作家。"海明威笑道:"我可是花好几年功夫才学会干这行的,你赚大便宜了。好吧,成交。"如愿以偿的少尉赶忙递上6瓶威士忌。

接下来的5天里,海明威如约给少尉讲了5堂课。少尉很得意,他用6瓶酒换得了美国著名作家的指点。海明威说:"你是个精明的生意人。现在我想知道,那箱酒你已经喝了多少瓶?"少尉回答:"一瓶也没喝,我留着开酒会呢。"

海明威有事要出远门了,少尉到机场送行。在飞机的轰鸣声中,海明威给他讲了第6堂课："在写别人之前,自己先要成为一个善良和有修养的人。"少尉说："这和写小说有什么相干?"海明威说："这对做人至关重要,不论干什么事,做人永远是第一位的。"

海明威一边走向飞机,一边大声地对少尉说:"在为你的酒会发请柬之前,最好把你的酒抽样检查一下。"回去后,少尉打开一瓶又一瓶威士忌,里面装的全是茶水。他这才明白,海明威早已知道实情,但只字未提,依然践约为他讲了6堂课。

伪善往往喋喋不休,而真善无需表白。面对恶意的伤害,表白是愚蠢的;面对无意的伤害,表白是多余的。海明威说得好,重要的是做人。智者知道何时沉默和如何沉默,一个心地善良的人即使不说一句话,我们也能闻见他人性的芬芳。

有一位仁慈的富翁,在建房时特意将屋檐修得很长,好让那些无家可归的人暂时在檐下遮阳避雨。房子建成后,果然有许多人聚集到大屋檐下面,他们打牌、喝酒,甚至摆起摊子做买卖,支起炉子生火煮饭。嘈杂的人声和刺鼻的油烟味使富翁的家人不堪其扰,经常与屋檐下的人发生争吵。有一年冬天,一个老人在大屋檐下面冻死了,大家纷纷指责富翁为富不仁。

一场罕见的飓风袭来,别人家的房子安然无恙,富翁家的房顶却被掀掉了,因为它的屋檐太长。于是,人们幸灾乐祸地说,恶有恶报。

富翁很伤心,但他心底的善念没有改变。重修房顶时,他把屋檐修得和别人家一样长,而用省下来的钱在别处盖了一间小房子,以容留那些无家可归的人。尽管小房子所能荫庇的范围远远不如以前的大屋檐,但它四面有墙,是栋正式的房子。所有在那里逗留过的人,无不感念富翁的恩德。渐渐地,富翁成了一个德高望重的人。

屋檐毕竟只是屋檐,与房子相比,它是不完整的,就像檐下人的尊严不完整一样。直接而强烈的对比,让屋檐下的人产生一种仰人鼻息的自卑感,由自卑而生敌意,善心被湮没了。助人是高尚的善行,但不要让被帮助的人感到在接受施舍。

一位老师给大一新生上了这样一堂课:

他拿出一只装满了沙子的大纸盒,一边展示给大家看,一边说:"这些沙子里掺杂着铁屑,请问你们能不能用眼睛和手指从中间把铁屑挑出来?"

大伙儿摇着头。

老师看着疑惑的孩子们,笑笑说:"我们无法用眼睛和手指从一堆沙子中间找到铁屑,就像我们很难从茫茫人海中找到我们的顾客一样。然而,有一种工具能帮助我们迅速地从沙子中间找到铁屑。大家可能都想到了,这种工具就是磁铁。"

说罢,他从包里掏出一块磁铁,把它放在沙子里面不停搅动,在磁铁的周围很快地聚集了箭镞似的铁屑。老师把那一团铁屑举给同学们看,他说:"这就是磁铁的魔力,我们用手和眼睛无法办到的事,它却能够轻而易举地做得很好。"

老师说:"如果说这一盒沙子就像我们面对的生活、挫折和枯燥的书本,那么,这块磁铁就是一颗充满爱的心。如果你有一颗善良的心,那么,它会在你的书本里、在你的生活中寻找,从中找到许多有益身心的知识,就像磁铁能吸出铁屑一样。但是,一题不懂善良的心却像你的手指,它在沙子里面找呀找,可怎么也找不到一点点铁屑。同学们,只要你有一颗善良的心灵,你就总是能够发现,你的每一天都有收获,每一天都有积累,每一天都有值得高兴的事情。"

心在哪里,你的命运就在哪里——不论你们今后遇到怎样的困难、怎样的逆境、怎样的迷惘,都要相信这句至理名言。不论何时何地,只要有一颗善良的心灵,就能像磁铁一样,吸引到有用的资源、美好的事物以及幸福的生活。

 怀有慷慨之心,做个慷慨的人

冬日的黄昏,查尔斯和朋友坐在熊熊的炉火旁,气氛宜人,最适合促膝谈心，这位朋友平素沉默寡言，现在却娓娓细语讲述自己的心事。

"我常常感到痛苦，"她说，"我没有力量对别人慷慨一点。要想送人一点东西也办不到。"查尔斯知道她的情形。她丈夫接连生了几场病，家里债台高筑，还有三个孩子在读书，所以她的手头非常拮据，一文钱也不能乱花。可是她似乎并不知道，她自己实在是小镇上最肯帮助别人的人。

"我觉得，你是最慷慨的人了。"查尔斯说，"让我把其中的道理说给你听。"他们首先谈到钱，因为钱所代表的慷慨是大家所最熟悉的。可是事实上，真正的慷慨是另外一种表现。

一位朋友对此讲述了他的太太送他一株木兰作为生日礼物的故事。有一天，他回家比较早，看见邻家的孩子在他的前院挖坑，他觉得很奇怪。

"那孩子告诉我，他知道我的太太要送我一株木兰。他接着说：'我很穷，但我也想送你一点礼物，就是这个坑'。我心里感动极了！"一方慷慨给予，另一方应该欣然接受。受礼而不领情，反而伤感情。有一次，查尔斯在路上遇见一位朋友的丈夫，他提着一个漂亮盒子，满面春风地告诉我："我的太太一直想有一件皮大衣。这两年我省吃俭用，现在终于买来了——我要送给她，庆祝我们结婚十周年纪念。来，你到我家来，看看她高兴的样子。"到了他家之后，他的太太打开盒子一看，却说："哎，你怎么搞的？你晓得，我们现在多需要一块新地毯。"然后才很勉强地补上一句："当然，我很感谢你，你待我太好了……"但已经太迟了。送礼的快乐遇到了寒流，两年来的一腔热情完全付诸东流。

反而另外一种受礼的态度却能带来不同的效果。一位有钱的太太，她想要的东西都有了。有一天，她无意中谈到需要一样小东西，可是没有空上街。

查尔斯觉得可以替她效劳。想不到她竟眼泪汪汪地说："你真好，156 肯为我跑那么远的路！"不过花点时间，她那样感激涕零，使查尔斯觉得反而倒欠了她的情似的。事实上，最好的礼物莫过于自己的时间。

礼物没有送礼者自身的成分，便没有意义；任何礼物都不如时间所包括的自身成分多。可是许多人宁愿花钱，而吝啬时间。

多数人都有慷慨之心，所幸表达慷慨的方式也很多。为别人的幸运和幸福而庆幸，是一种慷慨；能从别人的观点看事物，容许别人有自己的意见和特色，也是一种慷慨。此外，善解人意，避免鲁莽的言行；耐心倾听别人的诉苦；同情分担别人的悲痛，都是慷慨。

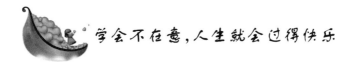

学会不在意，人生就会过得快乐

一个人如何对待恩怨，直接反映了这个人境界的高低。不在意别人对你的伤害，原谅那些曾经冒犯你的人，你的人生就会过得快乐，如果你拒绝忘记那些微不足道的陈年往事，时时刻刻把它放在心上，那你就体会不到生活的宽容之美。其实人无完人，过错在所难免，只要你学会不在意，包容一切，人生就会是另一番样子。

有这样一个故事：著名诗人歌德成名以后，遭到了许多人的嫉妒，有一次他在散步的路上遇到一个时常抨击他的人，这一次这个人又出言不逊，并且挡道不让。歌德微微一笑，闪在一边，不做任何争辩。旁人看了很生气，劝歌德要反唇相讥。歌德笑着说："我若和他一样，岂不也成了疯子？"

歌德的"不在意"其实就是一种智慧，对于心胸狭窄的疯子，实在是没有必要和他理论的，对手的"不在意"会使他自己也觉得无地自容。

是的，在人生道路上，来自外界的侵犯会很多，不管你是不是有错，这些纷扰也会来到你的面前，如果我们都一一在意，时刻挂心，我们一定会活得很累，只有学会不在意，像歌德那样淡定如水，我们才能活得潇洒，人生才会是另一种境界。

一支部队在山间与敌军相遇并展开了激烈的战斗，激战过后，大

157

部队已经撤走了,只有两名战士没有跟上部队,并且最终与部队失去了联系。

二人在山中艰难地行走着,为了能够走出大山与部队取得联系,他们一直互相支持、鼓励、安慰。几天过去了,他们仍没有赶上部队,身上仅有的干粮也吃光了。

忽然,他们发现了一窝兔子,两人一起抓住了几只兔子。靠这几只兔子两人又艰难地度过了几天。眼看就剩下一点兔肉了,他们谁也不舍得吃那仅有的一点食物。

这天,他们再一次与敌人相遇,经过激战,他们巧妙地避开了敌人。就在他们以为安全时,只听一声枪响,走在前面的战士中了一枪,随即倒在了地上。

后面的战士惶恐地跑了过来,他看了看战友,幸亏子弹打在了肩膀上,只是受了伤。他害怕极了,抱着战友的身体泪流不止,接着他撕下自己的衬衣包扎了战友的伤口,把仅有的兔肉也给战友吃了。

当晚,未受伤的战士一边不停地照顾受伤的战士,一边念着母亲的名字。当时他已经饥饿难忍了,他以为他们熬不过那一晚了。第二天天明,他们很幸运地被路过的兄弟部队救了出来。

事隔多年,或许是良心发现,未受伤的战士给受伤的战士寄来了一封信请求他的原谅:"亲爱的战友,请你原谅我,你知道吗?我曾经对着你开了一枪。我真的为我这样做感到难过,以至于这些年我都陷在自责中。"

让他没有想到的是,他的战友在回信中这样写道:"我知道是谁开的那一枪,那就是你——我的战友。当你抱住我时,我碰到了你发热的枪管。我怎么也想不明白,你为什么对我开枪。但那天晚上我明白了,你是想独吞我身上背的兔肉,你想为了你的母亲而活下去。"最后,他在信的结尾写道:"我早已不在意这件事了,我只记得,你为我包扎伤口,让我吃了仅有的食物。你做的这些让我很感动。我一直都清楚地记得你照顾我的那个晚上。希望以后不要再提这件事了,因为我们都还好好地活着。"

未受伤的战士看完信后眼睛红红的,久久没有把信放下。

是的,人生在世,要互相理解,多感激别人的恩惠,不要计较别人对你的不好。如果大家都能像那个受伤的战士一样,用博大的胸怀原谅别人的过错,那生活中的小恩小怨还有什么不能忘记呢?

但是生活中的大多数人还是不能做到完全不受别人影响,很多时候我们会在意别人对自己的看法,会因嫉妒、怨恨、误解等产生种种烦恼。

古代有一位妇人,常常因为看不惯丈夫和婆婆所做的事,气的吃不下饭、睡不好觉。于是她就去求一位高僧用佛法为自己开解。

高僧把她领到一座禅房中,让她面对佛祖静坐,自己落锁而去。

已经过了吃饭的时辰,妇人觉得很饿,但是就不见有人送斋饭来。妇人气得大骂,可高僧也不理会。闹了一会,妇人开始哀求,但高僧还是置若罔闻。

等妇人闹累了,安静下来了。高僧来到门外问:"你还生气吗?"

妇人说:"当然生气啦,饿了也不给饭吃,不怪你想出这么一个馊主意。"

"你丈夫赌博输了钱,你不是气得好几天不吃饭吗,今天你就当是为你丈夫而生气。"高僧说罢拂袖而去。

过了一会儿,高僧又来问她:"还生气吗?"

"怎么能不生气呢?是你把我锁在禅房里的,为什么让我为丈夫而生气呢?"妇人说。

"今天你不为丈夫生气,可以前为什么总为丈夫生气呢?看来,你还没有想通。"高僧说。

妇人告诉高僧说:"因为你的错误我去生丈夫的气,没有必要呀。"

"对呀,可你为什么常拿丈夫的错误来气自己呢?"高僧笑道。

妇人无语。看妇人有所悟,高僧才让沙弥端来斋饭。

夜幕降临了,因为白天的折腾,妇人早早地便准备歇息了。

妇人刚躺下不久,只听得禅房外一片木鱼声响,吵得妇人不能安睡。

妇人又气的大吵。高僧来到门外问："你生气吗？"

"半夜三更的敲什么木鱼，吵得我不能安息。"妇人说。

"你就当是你婆婆在唠叨而睡不着也就是了，你骂你婆婆就是，无需埋怨这些和尚。"高僧道。

"是你们吵我，为何要骂我婆婆？"妇人说。

"反正受折磨的是你，生谁的气不一样？"高僧说罢离开。

第二天清早，高僧一打开禅房，看到妇人静坐在蒲团之上，一脸宁静。见到高僧起身施礼道："大师，我明白了，其实丈夫和婆婆做错了事，那就是房内无饭，房外杂声。"

高僧听后笑道："你彻底领悟了。"

如果能不在意"房内无饭，房外杂声"，我们的心灵就能得到真正的宁静。不在意并不是不珍惜，而是顺其自然、宠辱不惊。面对世间的纷纷扰扰、是非得失，能做到忍之、任之，那么你就为自己的心灵找到了一片净土。

正如佛家所说："不是某人使我烦恼，而是我拿某人的言行来烦恼自己。"生活中之所以会出现痛苦，是因为你在乎这些人、这些事，如果你不在意，你又怎么会痛苦呢？"事事在意"其实是你拿别人的过错来惩罚自己，当你拥有一个开阔的心胸，学会"不在意"时，你会发现你的人生是如此的缤纷、精彩，生活是如此的温馨、和谐，你会发现你的人生进入了一个新的境界！

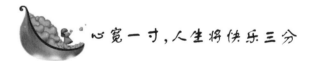

心宽一寸，人生将快乐三分

生活像一团乱麻，有许多解不开的疙瘩。学业无成、家庭变故、事业挫折、经济拮据、人际是非等，都会给人带来烦恼，以至于许多人总是感叹身心苦累，感叹人生充满绝望。

何苦让自己活得这么累呢？生活的烦恼是无法规避的，与其时时

把它放在心上,让自己痛苦不堪,倒不如放宽心,任由它去。只有心宽,你才能保持精神的愉悦、心理的健康,才能使痛苦与压力远离,让快乐与轻松常伴,只有心宽,你才不会向困难与厄运低头,才不会在泥泞、荆棘中彷徨,才不会被生活的风风雨雨摧垮,只有心宽,你才不会小肚鸡肠地待人,才不会心眼如豆地对事,才不会为鸡毛蒜皮之事而耿耿于怀。心宽一寸,你就能做到平和豁达,从容洒脱,不刻薄,不猜疑,不气恼,这样人生将快乐三分。

崇明近来遇到了一连串倒霉的事:单位精简人员,他下岗了;老婆和一个有钱人跑了,他的家散了,上五年级的孩子近来因成绩下降,老师频频打电话给他。一连串的麻烦加在一起,让崇明十分悲观,他觉得这个世界上充满了太多的无奈和不公,嘴里有说不完的怨言。为了排遣内心的苦闷,他决定到山上的寺庙中找一个大师开导一下。

在山上小住了数日,有一天寺院的盐用完了,大师派崇明下山去采购食盐。

将近中午的时候崇明担着盐,气喘吁吁地回来了。大师吩咐他抓一把盐放入一杯水中然后喝一口。崇明不知道大师为何让他这样做,但是他还是照做了。大师问:"味道如何?"崇明边吐舌头边回答道:"哇,师父,这杯水咸得发苦。"

大师笑了笑没有说什么,领着崇明来到河边,吩咐他把剩下的盐撒进河里,然后说道:"再尝尝河水。"

崇明把盐撒进河里,然后舀了一碗尝了尝。

大师问道:"什么味道?"

"纯净甜美。"崇明答道。

大师又问:"尝到咸味了吗?"

崇明吧唧了一下嘴答道:"师父,这次一点也没有咸味。"

大师微笑着对崇明说:"生命中的痛苦是盐,它的咸淡取决于盛它的容器。"

崇明凝视河水,恍然大悟。经过大师的点拨后,他如释重负,回到家中,快乐地开始了新的生活。

一个人快乐与否，是由他的心胸决定的。生命中的痛苦是一把盐，如果你心胸狭窄，只有一杯水那样的容量，那么痛苦会让你觉得不堪承受，如果你心胸开阔，把人生的不幸看成是一把盐撒在河水中一样，那么痛苦在你的心中也就消失得不见踪影了。

心是个无形的容器，有的人心中只能装下一滴水，有的人心中却可以容纳无边无际的大海，这就是小肚鸡肠和海量的差别。海量的人不一定都能成大气候，但小肚鸡肠的人一定成不了大气候。如果你能看淡人生的痛苦，把心放宽，做一个海量的人，那么你会发现人生的不幸只是一个短暂的过程，风雨过后，你将会迎来更绚丽的彩虹。

他是一个优秀的计算机编程人员，在一家不错的软件公司工作，待遇优厚，工作轻松。他原以为生活可以一直这样一帆风顺，直至退休，拿着优厚的退休金颐养天年。然而，不幸的事情发生了，在他工作的第八年，这家公司倒闭了，他成了失业人员。此时，他的第三个儿子刚刚降生，生活的开支越来越大，他迫切需要寻找一份新工作。

于是，每天他都奔波在人才市场和中介公司之间，除了编程，他一无所长。一个月过去了，他仍然没有找到一份适合自己的工作。

后来，他终于惊喜地在报纸上发现了一则消息，是一家软件公司要招聘程序员，待遇不错。他满怀信心地揣着资料赶到公司。但是一到场他的心就凉了一截，因为应聘的人数超乎想象，很明显，竞争将会异常激烈。经过交谈后，公司通知他一个星期后参加笔试。

笔试的内容很多，但他凭着过硬的专业知识，过五关，斩六将，终于通过，两天后面试。他对自己八年的工作经验无比自信，坚信面试不会遇到太大的麻烦。然而，考官的问题十分古怪，是关于软件业未来的发展方向的，对于这个问题，他可是从来没有认真思考过。于是他落聘了，这个结局是他始料未及的。

虽然应聘失败，可他感觉收获不小，他觉得这次经历让他学到了很多知识，公司对软件业的理解，让他耳目一新，有必要给人家写封信，以表感谢之情。于是他立即提笔写道："贵公司花费人力、物力，为我提供了笔试、面试的机会，虽然落聘，但通过应聘使我大长见识。感

谢你们为之付出的劳动,谢谢!"

这封与众不同的信传到了公司,引起了不小的轰动,一个落聘的人不仅没有怨言,竟然还给公司写来感谢信,真是闻所未闻。于是这封信被层层传递,最后送到总裁的办公室。总裁看了以后,一言不发,把它锁进了抽屉。

几个月后,新年来临,一张精美的新年贺卡寄到了他的手上,上面写着:"尊敬的先生,如果您愿意,请和我们共度新年。"贺卡是他上次应聘的公司寄来的。原来,公司出现职位空缺,他们首先想到了他。

这家公司就是现在举世闻名的美国微软公司,那位应聘者便是现在的公司副总裁史蒂文斯先生。

史蒂文斯先生成功的秘诀是什么?那就是他遭遇失败和挫折以后,没有怨天尤人,而是选择放宽心,以一颗感恩的心包容一切。他以宽广的胸怀感化和打动了世界,从而走出了生活困境,迎来了自己的快乐人生。

生活中,有些人遇到一点微不足道的小磨难就感觉天要塌下来,整天为一些芝麻小事发愁担忧,闷闷不乐,而有些人却能对生活的苦难、打击泰然置之,以一种乐观的心态在逆境中坚持,在快乐中生活。他们的区别在哪里?是因为前者的心胸仅仅是一只小小的杯子,而后者的心胸却像大海那样宽广!

我们要看开一切,要学会知足常乐。当我们平安地生活、工作的时候,要意识到:这就是一种快乐。我们要做一个心宽的人,抬头能看到海阔天空,低头能看见平坦大道,即使路上偶有硌脚的石子,我们也要宽容一笑,轻松地把它清除。如果你这样想又这样做了,你会发现,你的生活时时刻刻都充满快乐。

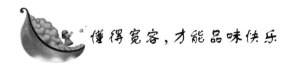

懂得宽容,才能品味快乐

人生是一个多彩的舞台,它不断上演着形形色色的人情冷暖、世态炎凉，这时，不要忘记可化干戈为玉帛的"宽容"。宽容，是胸襟博大者为人处世的一种人生态度，蔺相如的宽容换来了流芳百世的将相之和。雨果也说："世界上最宽阔的是海洋，比海洋更广阔的是天空，比天空更宽阔的人的心灵。"

谁知道珍珠是怎样炼成的？

当沙子放进蚌的壳内时，蚌便会觉得非常的不舒服，但是又无力把沙子吐出去，这时蚌就会面临两个选择，一是抱怨，让自己的日子很不好过，另一个是想办法把这粒沙子同化，使它跟自己和平共处。于是，蚌开始把它的精力和营养分一部分去把沙子包起来。

当沙子裹上蚌的外衣时，蚌就会觉得它是自己的一部分，不再是异物了。沙子裹上的蚌成分越多，蚌就会越把它当作自己，就越能心平气和地和沙子相处。

其实，蚌是没有大脑的，它是无脊椎动物，在演化的层次上很低，然而就是这样一个没有大脑的低等动物，却知道要想办法去适应一个自己无法改变的环境，把一个令自己不愉快的异己，转变为自己的一部分，相比之下人的智能有时真的应该感到汗颜。

正如沙砾进入蚌的体内一样，人生总有不如意的事，如何包容它，把它同化，纳入自己的体系，使自己的日子可以平静、幸福地过下去，恐怕是我们最需要学习的一件事。

仔细想来，我们凭什么一有挫折便怨天尤人，跟自己过不去呢？打牌时，拿到什么牌不重要，如何把手中的牌打好才是最重要的。凡事固然要讲求操之在己，但是在没有主控权的事情上，是否也应该学习蚌，使自己的日子好过一些呢！

懂得宽容，才不会自私、虚伪、嫉妒，才会用宏大的气魄去感受相逢一笑泯恩仇的快乐。智者总会用宽容这把慧剑斩断冤冤相报的恶性循环。没有宽容的世界，永远也不会有幸福安康的地方，只有令人失望的地方。

宽容浇灌了干涸的心灵

宽容就像清凉的甘露,浇灌了干涸的心灵;宽容就像温暖的壁炉,温暖了冰冷麻木的心;宽容就像不熄的火把,点燃了冰山下将要熄灭的火种;宽容就像一只魔笛,把沉睡在黑暗中的人叫醒。

德国的大文学家歌德有一次在魏玛一个公园的小路上散步。那条小路很窄,偏偏遇上了一个对他心存敌意的评论家。他们都停下来看着对方。评论家开口了:"我从来不会给一个傻瓜让路。"

"我与您恰恰相反,您请。"说完,歌德退到一旁。

豁达的人,常常是乐观的人。而所谓乐观,按照某位哲人的说法,就是乐观的人与悲观的人相比,仅仅是因为后者选择了悲观。

豁达的人在遇到困境时,除了会本能地承认事实,摆脱自我纠缠之外,他还有一种趋乐避害的思维习惯。这种趋乐避害,不是为了功利,而是为了保持情绪与心境的明亮与稳定。这也恰似哲人所言:"所谓幸福的人,是只记得自己一生中满足之处的人;而所谓不幸的人,是只记得与此相反的内容的人。"每个人的满足与不满足,并没有太多的区别差异,幸福与不幸福相差的程度,却会相当巨大。

观察分析一个心胸豁达的人,你往往会发现,他的思维习惯中有一种自嘲的倾向。这种倾向,有时会显于外表,表现为以幽默的方式摆脱困境。自嘲是一种重要的思维方式。每个人都有许多无法避免的缺陷,这是一种必然。不够豁达的人,往往拒绝承认这种必然。为了满足这种心理,他们总是紧张地抵御着任何会使这些缺陷暴露出来的外来冲击。久之,心理便变得脆弱了。一个拥有自嘲能力的人,却可以免于此患。他能主动察觉自己的弱点,他没有必要去尽力掩饰。从根本上来说,一个尴尬的局面之所以形成,只是因为它使我们感到尴尬。要摆脱尴尬,走出困境,正面的回避需要极大的努力,但自嘲却

第八章 精彩生活:让快乐来敲门

为豁达者提供了一条逃遁出去的轻而易举的途径——那些包围我的，本来就不是我的敌人。于是，尴尬或困境，就在概念上被消除了。

豁达也有程度的区别，有些人对容忍范围之内的事，会很豁达，但一旦超出某种限度，他就会突然改变，表现出完全相异的两种反应方式。最豁达的人，则具有一种游戏精神，将容忍限度扩大。

有这样一个故事：一个身经百战、出生入死，从未有畏惧之心的老将军，解甲归田后，以收藏古董为乐。一天，他在把玩最心爱的一件古瓶时，不小心差点脱手，吓出一身冷汗，他突然若有所悟："为什么当年我出生入死，从无畏惧，现在怎么会吓出一身冷汗？"片刻后，他悟通了——因为我迷恋它，才会有患得患失之心，破了这种迷恋，就没有东西能伤害我了，遂将古瓶掷碎于地。

豁达者的游戏精神，即是如此。既然他把一切视为一种游戏，尽管他同样会满怀热情，尽心尽力地去投入，但他真正欣赏的，只是做这件事的过程，而不是目的——游戏的乐趣在于过程之中。那么，他也就解除了得失之心的困扰。

美国总统林肯在组织内阁时，所选任的阁员各有不同的个性：有勇于任事、屡建功勋的军人史坦顿，有严厉的西华德，有冷静善思的蔡斯，有坚定不移的卡梅隆，但林肯却能使各个性格绝对不同的阁员互相合作。正因为林肯有宽宏的度量，能舍己从人，乐于与人为善。尤其是史坦顿，那种倔强的态度，如在常人，几乎不能容忍，唯有林肯过人的心胸，使得他驾驭阁员指挥自如，使每个阁员都能为国效忠。

成功的上司总是豁达大度，决不会因下属的礼貌不周或偶有冒犯而滥用权威。所以作为上司，应该有宽恕下属的大度，这样才更能赢得下属的拥戴。

有一次，柏林空军军官俱乐部举行盛宴招待有名的空战英雄乌戴特将军，一名年轻士兵被派去替将军斟酒。由于过于紧张，士兵竟将酒淋到将军那光秃秃的头上去了。周围的人顿时都怔住了，那闯祸的士兵则僵直地立正，准备接受将军的责罚。但是，将军没有拍案大怒，他用餐巾抹了抹头，不仅宽恕了士兵，还幽默地说："老弟，你以为这种疗法有效吗?"这样,全场人的紧张气氛都被一扫而光。

据说一位店主的年轻帮工总是迟到,并且每次都以手表出了毛病作为理由。于是那位店主对他说:"恐怕你得换一块手表了,否则我将换一位帮工。"这话软中带硬,既保住了对方的面子,又严厉地指出了对方的过失,这样比较易于让对方接受。

作为一个领导者,必须有大度的心胸。在你的下属中,可能有各种各样性格的人,各人的处世方式、工作能力都不相同,这就需要你有宽阔的心胸。

 用宽容化解仇恨,快乐随心

宽容犹如冬日正午的阳光,能融化别人心田的冰雪变成潺潺细流。一个不懂爱的人,一个不懂得宽容别人的人,会显得狭隘,会苍老得更快;一个不懂得对自己宽容的人,会为把生命的弦绷得太紧而伤痕累累,抑或断裂。

古希腊神话中有一位大英雄叫海格里斯。一天他走在坎坷不平的山路上,发现脚边有个袋子似的东西很碍脚,海格里斯踩了那东西一脚,谁知那东西不但没有被踩破,反而膨胀起来,加倍地扩大着。海格里斯恼羞成怒,操起一条碗口粗的木棒砸它,那东西竟然长大到把路堵死了。

正在这时,山中走出一位圣人,对海格里斯说:"朋友,快别动它,忘了它,离它远去吧! 它叫仇恨袋,你不犯它,它便不如当初,你侵犯它,它就会膨胀起来,挡住你的路,与你敌对到底!"

我们生活中茫茫人世间,难免与别人产生误会、摩擦。如果不注意,在我们轻动仇恨之时,仇恨袋便会悄悄成长,最终会导致堵塞了通往成功之路。

如果所有美德可以自选,我们就先把宽容挑出来吧。也许平和与

167

安静会很昂贵,不过拥有宽容,我们就可以奢侈地消费它们。宽容能松弛别人,也能抚慰自己,它会让我们把爱放在首位,万不得已才动用恨的武器;宽容会使我们随和,把一些别人很看重的事情看得很轻;宽容还会使你不至于失眠,再大的不快,再激烈的冲突,都不会在宽容的心灵里过夜。于是,每个清晨,我们都会在希望中醒来。一旦我们拥有宽容的美德,我们将一生收获笑容,收获别人的爱。

一个真正有爱心的人,懂得用一颗宽容的心去对待周围的人和事。宽容不但是做人的美德,也是一种明智的处世原则,是人与人交往的"润滑剂",是一种表达爱的特殊方式。常有一些所谓厄运,只是因为对他人一时的狭隘和刻薄,而在自己的前进路上自设的一块绊脚石罢了;而一些所谓的幸运,也是因为无意中对他人一时的恩惠和帮助,拓宽了自己的道路。

我们生活在一个越来越不忽视功利的环境里,但倘若太吝惜自己的私利而不肯为别人让一步路,这样的人最终会无路可走;倘若一味地逞强好胜而不肯接受别人的一丝见解,这样的人最终会陷入世俗的河流中而无以向前;倘若一再地求全责备而不肯宽容别人的一点瑕疵,这样的人最终宛如凌空在太高的山顶,会因缺氧而窒息。

曾有人把人比喻为"会思想的芦苇",因为弱小易变,因而情绪的波动,随时都在改变对事物的正确认识。人非圣贤,就是圣贤也有一失之时,我们何以不能宽容自己和别人的失误? 宽容并不意味对恶人横行的迁就和退让,也非对自私自利的鼓励和纵容。谁都可能遇到情势所迫的无奈,无可避免的失误,考虑欠妥的差错。所谓宽容就是以善意去宽待有着各种缺点的人们。因其宽广而容纳了狭隘,因其宽广显得大度而感人。犹如水一样,以自己的无形而包容了一切的有形。

拾起宽容,才能抛弃傲慢

人生的道路中,宽容是一种无坚不摧的力量,它可以让阴霾的日子里充满阳光,也可以让冰雪封冻的日子里充满温暖。因此,我们需要学会宽容,"容人须学海,十分满尚纳百川",智者能容,越是睿智的人,越是胸怀宽广,大度能容,因为他洞明世事、练达人情,看得深、想得开、放得下。

在生活中,傲慢自负的人都会吃很多苦头,如东汉的祢衡。

祢衡很有才华,但性情高傲,总是看不起别人。当时,许都是新建的京城,贤人达士从四面八方向这里汇集。有人向祢衡说:"你何不去许都,同名人陈长文、司马伯达结交呀?"祢衡说:"我怎么能去同卖肉打酒的小伙计们混在一起呢?"又有人问他:"荀文若、越稚长将军又怎么样呢?"祢衡说:"荀文若外貌长得还可以,让他替人吊丧还行;越稚长嘛,肚子大,很能吃,可以让他去监厨请客。"

祢衡和鲁国公孔融及杨修比较友好,常常称赞他们,但那称赞却也做得可以:"大儿孔文举,小儿杨祖德,其余的都是庸碌之辈,不值一提。"祢衡称孔融为大儿,其实他比孔融小了将近一半的年龄。

孔融很器重祢衡之才,除了上表向朝廷推荐之外,还多次在曹操面前夸奖他。于是曹操便很想见见祢衡,但祢衡自称有狂疾,不但不肯去见曹操,反而说了许多难听的话。曹操十分恼怒,但念他颇有才气之分,又不愿贸然杀他。但后来,祢衡屡次侮辱曹操以及他手下官员,最终被杀。

有一个成语叫"虚怀若谷",意思是说,胸怀要像山谷一样虚空。这是形容谦虚的一种很恰当的说法。只有空,我们才能容得下东西,而自满,除了我们自己之外,容不下任何东西。

有一个自以为是的暴发户,去拜访一位大师,请教修身养性的方法。

但是打从一开始,这人就滔滔不绝地说个没完。大师在旁边一句话也插不上,于是只好不断地为他倒茶。只见杯中的水已经注满了,可是大师仍然继续倒水。

这人见状,急忙说:"大师,杯子的水已经满了,为什么还要继续呢?"

这时大师看着他，徐徐说道："你就像这个杯子，被自我完全充满了，若不先倒空自己，怎么能悟道呢？"

生活之中，我们常常不自觉地变作一个注满水的杯子，容不下其他的东西。因而，学会把自己的意念先放下来，以虚心的态度去倾听和学习，我们会发现大师就在眼前。

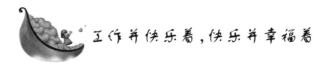

工作并快乐着，快乐并幸福着

生活中有很多人对于工作的感觉是"单调、枯燥无味、辛苦"等等，只有极少数的人谈到他们的工作时神采飞扬，他们会自豪地告诉你，他们的工作速度如何快，超过了目标的多少，任务完成又达到什么样的水平。那种快乐溢于言表，他们享受到了工作的乐趣。

表面上看，工作又忙又累，压力又大，"快乐"与"工作"两个词好像没有什么关系，人们似乎只有在工作之余才能找到快乐。其实不然，工作中蕴含着许许多多的乐趣。只要我们树立一种信念，调整好心态，我们每一个人都能工作并快乐着，快乐并幸福着。

那么，我们怎样才能享受到工作的乐趣，做一个快乐的上班族呢？

在西雅图有一个闻名遐迩的派克鱼摊，那里有洋溢着快乐的"飞鱼"表演，那里是快乐的天堂！

西雅图的这个市场，和一般的市场没什么区别，但是，只要你走进市场，你就会觉得这儿确实有点与众不同。在市场的尽头，往往聚集了一群人，并且老远就可以听到他们的尖叫。走近一看，你会发现大家好像是在看街头表演。只见一个英俊的小伙子从鱼摊上拿起一条鲑鱼，转身就朝柜台上一丢，像唱歌般地大声喊："鲑鱼飞到威斯康星！"柜台里的人接住鱼，同样地也大喊："鲑鱼飞到威斯康星！"喊完，鱼就包好了，买鱼的主顾开心地接过"飞鱼"满意地离去。

这个热闹的地方就是派克鱼摊。鱼摊的老板约翰·横山是美籍

日本人,25 岁就开始在这里经营了。一开始,横山并不喜欢这个工作。后来,他看到鱼摊生意不错,于是就在另一边开了一家批发店。可是几个月后,批发店就破产了,甚至拖得鱼摊也濒临倒闭。横山和伙计们开会讨论经营鱼摊的秘诀。伙计们说快乐对顾客和自己都很重要,顾客因为快乐来鱼摊买鱼,伙计因为快乐使工作效率更高,于是,在伙计们的建议下,他们决定用"飞鱼表演"的方式开展工作。

"飞鱼表演"使派克鱼摊一举成名。派克鱼摊的生意变得非常好。"现在的营业额比 4 年前多了近十倍。"横山高兴地说。

同行们向派克鱼摊取经,横山也因此组建了一家顾问公司,还带着伙计们到企业授课。派克鱼摊的伙计们不仅是卖鱼的高手,更成为让人快乐工作的专家。派克鱼摊的事迹被拍成教学录像带,还被翻译成十几种语言,成为美国诸多大企业的培训素材,按照派克鱼摊的故事写成的书籍《如鱼得水》一度登上畅销书排行榜。现在,你只要来到派克鱼摊,就会发现身旁有很多人带着相机或摄像机,等着拍摄派克鱼摊的"招牌产品"——飞鱼表演。

有人曾笑着说自己白天是"让子弹飞",晚上是"赵氏孤儿",言外之意,就是说自己不是生活在忙碌中就是生活在孤独中。其实,我们完全可以改变这种生活模式。也许有人会说,改变这种生活模式很难,你有时间时,口袋里没有银子;等你有了银子,你又没有了时间。告诉你,生活的惬意不在于你拥有多少金钱和时间,关键在于你懂不懂得生活。会生活的人会用最简单的方式让自己放松,在浮躁喧嚣的现代社会中,建立专属于自己的心灵家园,在氤氲的暖香中,静静地享受生活的乐趣。

田雨在忙碌了大半年之后,终于得到了一个月的假期,她没有像其他同事那样整天泡在家里看电视,或者隔两天就找上一堆朋友东游西逛,而是去了一家茶艺馆专门学习茶艺。

以前在工作的空余,田雨也曾看过一些介绍茶艺的书籍,现在假期开始了,她就借此机会专心学习。刚开始学习茶艺还是挺辛苦的,田雨认真地向师傅学习茶叶的识别、冲泡等,并且积极积累实践经验,

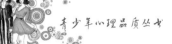
很快就进入专业状态。

每天她都以娴熟的手法泡茶,观其色、闻其香,再细细品上一小口,会有一种清新、恬静的感觉。

很难想象,数天前,她还是一个急躁、忙碌的职场女强人,现在她恬静的面孔微笑着,给人一种可亲的感觉,就像是温婉的邻家女孩。

眼前这个茶艺娴熟的姑娘,已经很难与那个工作压力大、整天忧心忡忡的女孩儿联系起来。茶艺不仅充实了她的假期生活,更让她的性格发生了变化。田雨认为,茶艺是一种源于生活、应用于生活的艺术。生活虽然忙碌,工作也很繁重,但我们总可以抽出一点儿时间来感受一下艺术的气息,这样才能永远保持一种恬淡、悠然的心境和生活方式。

美国石油大王洛克菲勒曾对儿子说:"如果你视工作为一种乐趣,人生就是天堂;如果你视工作为一种义务,人生就是地狱。"

当你听到这句话的时候,也许会不由自主地想:我的工作一点意思都没有,累得要死还挣不了多少钱,简直是浪费我的时间。在这个世界上,如果你不能摆正心态,即使给你一份特别好、你自己也相当满意的工作,但是时间一长,你照样会厌倦。摆正心态,即使你现在的工作不太理想,也不要一味地抱怨,试着在工作中寻找一些乐趣,也许它会变得轻松许多。

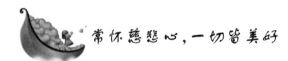
常怀慈悲心,一切皆美好

弥兰王曾向那先比丘求道:"请问大师,世间哪里的水比大海之水更多呢?"

"比大海之水还要多的是佛法甘露的一滴水。"那先比丘回答说。

"为什么?"弥兰王百思不得其解。

"这一滴水,可以消除众生罪孽,洗净身心,所以比大海之水更加

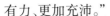

有力、更加充沛。"

对这段公案,证严法师做了这样的解释:法水清净明澈,能洗涤众生罪孽,所以比大海之水更加有力、充沛。而世间之最美,皆由内心出发。美丽的容颜无法历久不衰,美丽的心却能永远动人。唯有心善、心真、心慈,并显现于外在的相貌、举止、气质才让人动心。

你是否曾经从竹林旁经过? 几场春雨过后,春笋从湿润的泥土中探出头来,鲜嫩的绿色瞬间充溢了全部视野 t 初夏时节,竹林绿荫成片,绿的叶、青的竿,投下一片浓浓的绿荫;秋风拂过,竹林一片金黄,竹叶在微风的轻抚下翩翩起舞;隆冬来临,积雪覆盖之下,有无数生命正等待春暖花开。

证严法师说:"竹子是世间最美好的植物,它以根、枝、叶、茎丰富人之所需,以无私的奉献,得到世人的普遍喜爱。夏竹迎风摇曳,有招风驱署之妙,竹声有如天籁,竹笛奏出美妙的乐曲,给人间平添悠扬旋律。竹子的自在,竹子的柔美,竹子的宁静,竹子的节操,所谓'青青翠竹无非般若',正是修身养性之妙用。"

竹子的品质不仅体现在高洁、傲岸的情操,还在其默默奉献的精神。"出世予人惠,捐躯亦自豪",它以其短暂的一生,从根到梢,从竿到叶,默默地全部奉献出来,无怪乎星云大师对其给予毫不吝啬的赞美。

佛陀生于古印度,成道后,四处游化,阐释人生真理,广说佛法之要,教化了无数的弟子。他就像是慈父,就如黑暗中的一盏明灯。

这天,佛陀亲自巡视弟子的房间,看见一位比丘躺在床上,于是问道:"你的身体是否安好,心中是否有烦恼?"

这位比丘很想向佛陀恭敬地礼拜,于是努力地想撑起身子,但是因为疲惫不堪,根本无法起身。

佛陀见状,就走到比丘身旁慰问:"你病得这么重,怎么无人照顾呢?"

比丘说:"出家至今,我生性懒散,看见病人也不曾细心照料、关怀他们,所以自己生病了,也没有人愿意来关心我,我真是感到惭愧啊!"

佛陀听完后,便亲自清理比丘的排泄秽物,把比丘的房间打扫得干干净净。

这时帝释天看到佛陀的慈心,也前来用水洗浴比丘的身体,而佛陀也以手轻轻地抚摸比丘。顿时,比丘身心安稳、全身舒畅,一切苦痛顿时化为清凉。

佛陀对比丘说:"你出家至今甚为放逸,不知勤求出离生死、解脱烦恼,所以才会身染疾苦,希望你从今天起,要精进用功。"

比丘听后,便至诚地向佛陀顶礼忏悔:"佛啊!承蒙您的探望与庇佑,如果不是佛光普耀、慈悲接受,恐怕弟子早已身亡,轮回六道了。弟子从今日起,一定会发善心,上求佛道,普度群迷。"

比丘真心忏悔并且精勤于道,后来即得证阿罗汉果。

佛陀不畏劳苦、不避污秽的行为感动了比丘,让他从内心深处产生了一种向佛的力量,正是这种力量,敦促他修成正果。

证严大师教化世人,要常怀一颗慈悲之心,播下一颗慈悲的种子,世人即可享用丰硕的果实;留下几句仁爱的语言,世间即充满温暖的和风。

生活中,拥有一副慈悲心肠,那些不如意的羁绊就会自然消解,那些缚人的枷锁也就自动解除,你的敌人将会变成你的朋友,你的对手将会成为你的帮手。因为你的慈悲,一切将会变得更加美好。

第九章　善待生活：善待自己就是善待快乐

　　现实粉碎着我们的理想，也粉碎着自己的梦。接受真实的自己，客观地对待自己，才能善待自己，善待他人。

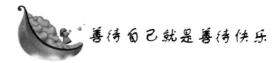

善待自己就是善待快乐

电视剧《成长的烦恼》讲的都是烦恼之事,但是主人公对儿女、邻居的宽容,最终都把烦恼化为了捧腹的笑声。

人的烦恼一半源于自己,即所谓的画地为牢、作茧自缚。芸芸众生,各有所长,各有所短。争强好胜超过一定限度,往往受身外之物所累,失去做人的乐趣。只有承认自己某些方面的欠缺,才能扬长避短,才能不让嫉妒之火吞灭心中的灵光。

让自己放轻松一些,心平气和地工作、生活。这种心境是充实自己的良好方式。充实自己很重要,只有有准备的人,才能在机遇到来之时不留下失之交臂的遗憾。淡泊人生是耐住寂寞的良方。轰轰烈烈固然是进取的写照,但成大器者,绝非是热衷于功名利禄之辈。

俗语有"宰相肚里能撑船"之说。古人的与人为善之美、修身立德的谆谆教诲也警示世人,一个人若胆量大、性格豁达,方能纵横驰骋;若纠缠于无谓的鹬蚌之争非但有失儒雅,反则终日郁郁寡欢、神魂不定。唯有对世事时时保持心平气和、宽容大度,才能处处契机应缘、和谐圆满。

如果一语龃龉,便报复打击;一事唐突,便种下祸根:一个坏印象,便一辈子记恨于心,这就说不上宽容,就会被称为"小肚鸡肠"。真正的宽容,应该是能容人之短,又能容人之长。对才能出众者,也不嫉妒,唯求"青出于蓝而胜于蓝",热心举贤,甘做人梯,这种精神将为世人称道。

人要活得愉快,就得少烦恼;要少烦恼,心胸就得豁达一些,宽广一些,学会宽恕自己和容忍别人,这就叫做宽舒人生。本来,生活就应该从容不迫,悠然自得。

心平气和,首先就得接受自己,不对自己过分苛刻,也不看不起自

青少年心理品质丛书

选择生活中的乐趣

176

己。遇到不幸和灾祸,我们会像其他人一样痛苦,但是他们能够想得开,而且能照常生活。他们也不像有些人那样,为可能发生的灾祸忧心忡忡,他们会做一些必要的准备,但是不会为此身心憔悴。

心平气和的人生活得很随意,他们摸透了自己的脾气,知道自己的欲望和观点,干什么事都不用先去调查求证,或者察言观色,看别人的意见,他们只管我行我素,走自己的路。

同时,心平气和的人能够容忍他人,容忍自己所不知道的东西。他们知道生活是变化无常的,这是个人所无法改变的现实,人不但要接受这种现实,而且还要从这种现实中找到乐趣,大可不必提心吊胆、顾虑重重。对于自己不懂的事情,他们总是采取承认的态度,承认之后再去慢慢琢磨它,了解它。

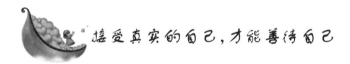

接受真实的自己,才能善待自己

谁都想成为一个完美的人,我们总期望着自己更漂亮些,更动人些,因为美丽不仅带给人们感官的愉悦,还能增强自信。

每个人都是独立的,一个人接纳另一个人很难,但一个人接纳自己更难。我们时常对自己不满,为自己的缺点懊恼与烦闷,千方百计想掩饰。面对自己时,我们常常会陷入惧怕与悔恨中不能自拔。但是,自己又不像别的物件,不喜欢了就可以随时扔掉;也不和别人一样,合得来便相处,合不来便分手,用不着去委曲求全。我们自己不可能把自己扔掉,除非自己结束生命。自己随时都在纠缠着自己,无论你情愿也好,不情愿也罢,满意时,它和你在一起,不满意时它同样不会离开你。

有的人很早就接受了自己,有的人至死都无法接受自己。尽管我们知道,相貌、性格和生命一样,都是我们所不能自由选择的,然而,对于自己的不满意,却时刻折磨着我们。丑陋使我们不敢大声讲话,不敢仰起头走路,不敢面对他人的注视,在美丽的人面前,我们更本能地感到自卑。总希望有一天,魔镜会突然出现,告诉你是天下第一美人。

性情也是我们在不知不觉中形成的。虽然我们并不对自己的容貌与性情负完全的责任,但我们却不得不每日面对它。苏格拉底能够认识自己,接受自己,才宣称自己自知其无知。我们虽不能像苏格拉底那样,自知学浅,但接受自己是无知的,却是可以做到。

接受自己,有多种方式,有的人对自己的优点,不去自己挑明,而千方百计诱导别人说出,虽然只是说的人不同,可这其中的奥妙就很深了。自己说的,那叫自我吹嘘,叫逞能;别人说的,是"客观",是"实事求是"。聪明的人最善用这一招,临了还会让对方说一句,你真谦虚。

对于自己的缺点,我们难以接受,更不愿意被别人指出,尤其是当众指出。领导每次作完报告都要说"欢迎批评指正"之类的话,你可千万不要当真。这意见不能"指",更不能"正",只能当作没有,最好本来就没有。不然,你肯定会免费获得许多"小鞋"穿。

比较聪明的一种是:人贵有自知之明。只有自己知道了,自己觉察出问题,神不知鬼不觉地改掉,这才是上上之策。

明智的做法就是,三缄其口。不要那样不厌其烦地告诉别人"我还有点自知之明",那其实是在自欺欺人,一味地想要改变自己,求全求多。内向的人,希望自己能开朗些,外向的人希望自己深沉些,直率的人希望自己圆滑世故些,圆滑世故的人希望自己简单快乐些,都是没有意义的。

做人不要掩饰自己,嘴上一套心里一套,浑浑噩噩,得过且过,也不要我行我素,刚愎自用。接纳自己,实质就是理解自己。接受自己的优点,我们便多一分自信,接受自己的缺点,我们便多一点理智。表现得坦坦荡荡、光明磊落、平和、不做作、不炫耀。

接纳自己需要勇气,也需要毅力。接纳自己,是一个漫长而艰苦的过程,也是一个人长大、成熟的过程。这当然是一个痛苦的经历,因为我们会逐渐发现,自己不是那样完美,也不可能变成理想的自己,接纳自己的优点也接纳自己的缺点,直面自己的优点需要勇气,直面自己的缺点更需要坦诚,需要包容。

认识自己的优点和缺点,明白自己想做的不一定就能做,明白自己做的不一定全能做好,我们便会自信、自制、自强,生活便多一些快乐,少一些烦恼。相反,斤斤计较自己的缺点,不原谅自己的失误,则会使我们沮丧、自卑。

现实粉碎着我们的理想,也粉碎着自己的梦。接受真实的自己,客观地对待自己,才能善待自己,善待他人。

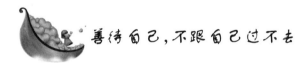

善待自己,不跟自己过不去

太多的人悲叹生命的有限和生活的艰辛,却只有少数人能在有限的生命中活出自己的快乐。一个人快乐与否,主要取决于什么呢? 主要取决于一种心态,特别是如何善待自己的一种心态。

生活中苦恼总是有的,有时人生的苦恼,不在于自己获得多少、拥有多少,而是因为自己想得到更多。一些人有时想得到的太多,而自己的能力很难达到,所以便感到失望与不满。然后,就自己折磨自己,说自己"太笨""不争气"等,就这样经常自己和自己过不去,与自己较劲。

其实,静下心来仔细想想,生活中的许多事情,并不是你的能力不强,恰恰是因为你的愿望不切实际。要相信自己的天赋具有做种种事情的才能,当然相信自己的能力并不是强求自己去做一些能力做不到的事情。事实上,世间任何事情都有一个限度,超过了这个限度,好多事情都可能是极其荒谬的。我们应时常肯定自己,尽力发展我们能够发展的东西,剩下的,就安心交给老天。只要尽心尽力,只要积极地朝着更高的目标迈进,心中就会保存一份悠然自得。从而,也不会再跟自己过不去,责备、怨恨自己,因为你尽力了。即便在生命结束的时候;我们也能问心无愧地说:"我已经尽了最大的努力",那么,你真正的此生无憾了。

所以,凡事不跟自己过不去,要知道,每个人都有或这或那的缺陷,世界没有完美的人。这样想来,不是为自己开脱,而是使,心灵不会被挤压得支离破碎,永远保持对生活的美好认识和执著追求。

不跟自己过不去,是一种精神的解脱,它会促使我们从容走自己选择的路,做自己喜欢的事。

真的,假如我们不痛快,要学会原谅自己,这样心里就会少一点阴影。这既是对自己的爱护,又是对生命的珍惜。

珍爱自己,获得永久的人生快乐

不懂得珍爱自己的人,也不会真正得到快乐。人的一生总要有个重心,你把什么当作自己生命的重心呢? 事业,爱情,亲情,友情……总之,是他人,还是自己?

我们都曾听过:某人为了迁就父母的想法,选了一门自己不喜欢的专业,或者娶了自己不爱的人,要么是从事自己不喜欢的职业。某人看别人在商场中大发利市,便盲目跟从,结果经营不善,亏损累累……所有这些都是源于你缺乏自信,不相信自己能够承担自己的现在与未来,所以你才努力地把自己的一切依附于别人。事实上,如果连你自己都不能肯定地相信自己,别人的鼓励是根本产生不了什么作用的。别人的想法永远不能完全代表你自己,你也绝对有权去决定要不要接受别人的意见或是受不受别人的影响。

懂得珍爱自己,把自己当作生命的重心,说通俗些就是倡导人"自私",虽然这与我们"先天下之忧而忧,后天下之乐而乐"的"仁"道大相径庭。

我们中国人素来以"爱人"为美德,而以"爱己"也就是"自私"为耻。"爱己"就会遭人议论，为人不齿。

其实，自私不是件坏事。做人要自私，但不吝啬、不损人。自私，就要把自己放在第一位，从自己的角度出发看问题、做事情，也就是以自己为中心、重心。

自私也并不是件见不得人、不光彩的勾当。相反，一味妥协才是人生最大的悲哀。像童话里那只善良、软弱的仙鸟，为报答救命恩人，每次都拔下自己的一根羽毛，满足他的需要。终于，在严寒的冬夜，没有了一根羽毛的它冻死在广场的雕塑上。它至死也不会明白，正是它的所谓"善良"、"爱人"，才培养了对方的贪欲和惰性，也使它失去了生命。人不也是这样吗？

就如爱人，把爱情作为生命的中心，把自己的全部交给所爱的人，生命就不再属于自己，而爱人也会因此背上沉重的负担。爱情本来就是两颗独立的心相互碰撞的结晶，试想只剩一颗跃动的心，爱情的火焰还能燃烧多久？倚靠着别人过一时还行，一辈子呢？

就如亲人，年少时我们有长辈的呵护疼爱，年老时我们有儿孙的孝敬关爱，但他们都曾经或都将会有自己的生活，都将离我们而去。

事实上，只有自己才是生命的重心，只有自己才完全属于自己，无论年少年老，无论得失成败，都是自己。苦也罢，累也罢，为着自己，无怨无悔，勤勤恳恳。

当我们把自己作为生命的重心时，我们就把自己当作知己，当作朋友，我们和自己谈心，交流，监督自己，惩罚自己，奖赏自己，安慰自己，没有伪装，没有隐私，获得灵魂的安宁，接受正义的审判。为自己的快乐而快乐，为自己的忧伤而忧伤。

记住：只有你才是你生命真正的重心，懂得珍爱自己，也唯有你才能给自己最有力的肯定，才是你成长中的突破，获得永久的人生快乐。

第九章　善待生活：善待自己就是善待快乐

181

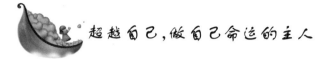超越自己，做自己命运的主人

鲁迅在《祝福》里描写祥林嫂这个人物，是一个只知向神佛乞求改变自己命运的不幸女人。时至今天，还有很多人一旦在前进的道路上遭遇困难、碰到挫折、面临逆境、身处不幸之时，也总是抱怨自己的命运，嗟叹自己的命运是如此的多舛，从而轻易把自己的失败归责于他人，把成功的希望寄托在他人身上，把命运的改变希冀于上帝的垂青。

每个人对自己都是有所了解的，只不过有的人了解得比较清楚，有的人却从未认真想过，还不太清楚。有的人过高地估计了对自己的认识，而有的人却总是看低自己的能力。对自己命运的掌握，全在于对自己的了解上，这就是说要知命。

可是偏偏就有那么一种人，对自己的命运越了解，越是清楚，反而越是相信在冥冥之中有个东西在主宰自己的命运，认为自己现在所拥有的一切都是上天安排好的，是上天注定的。于是放弃抗争的努力，让很多能改变自己命运的机会从身边白白溜走。不去做主观努力，只知一味地等待，看到一只兔子撞死在树桩上，就一辈子守在树桩旁，从未想过还可以离开树桩到其他地方去抓兔子。

做人不应该是这个样子。做人就应该乐天知命，知命而不信命。人的命运是可以改变的。历史前进的步伐就是那些从不相信命运，从不向命运低头服输的人引领着的。昔日，陈胜、吴广高喊"王侯将相宁有种乎"，首先向自己的命运进行了抗争。做人更应该这样，更应该经常向自己发问："难道我就是这个样子，不能改变吗？"人对人的超越，最主要的是对自我的超越。只有超越自我，才能改变自己的命运，才能成为自己命运的主人。

出生在同样的环境中，坐在同一间教室里，听同样的老师讲课，毕业后的结果却大相径庭，这里面的原因是什么？看来不是一个简单环境决定论所能回答得了的。这其中，显现出来的差别就在于每个人对待自己命运的不同态度。相信命运与不相信命运的人的结果有着很大的差异。

可见，人的处境永远不是僵直呆死与毫无道理可讲的，处境是按照一定的规律而变化的。人都会有自己的机遇也会有自己的挫折，有自己的无常也会有自己的有常，有自己的顺风也会有自己的厄运。命运由我做主，幸福在于自己去寻求，无论身处逆境、顺境或是俗境，时刻以一种乐天知命而不信命的态度超越自己，去做自己命运的主人。

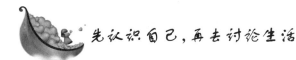

先认识自己，再去讨论生活

毫无疑问，研究自己的目的就是更清楚地认识自己，找到与自己的素质相对应的目标，凭着自己素质上的信号找到这一目标后，才能攻其一点，攻出成果，由此及彼，不断扩大。认识自己，找到最适合我们的位置，开发属于我们的领域，这是走向成功的一条捷径。

专家研究显示，人的智商、天赋都是均衡的，或许我们在某一方面有优势，但不一定在别的方面能够赢过人家。有优势的同时就会存在劣势。

有的人在未发现自己的才能时，往往不能把握自己的长处，学无成就，做无成果。这可能是因环境条件或形势的迫使而不能显示自己的才能，如同黑夜行路，坎坎坷坷。

达尔文《自传》表明，正因为他对自己的深刻认识，才使他把握住自己的素质特点，扬长避短，做出了突破性的成就。他十分谦逊又自信地谈到自己："热爱科学，对任何问题都不倦思索、锲而不舍，勤于观察和收集事实材料，还有那么点儿健全的思想。"但又认为自己的才能很平凡："我的记忆范围很广，但是比较模糊。""我在想象上并不出众，也谈不上机智。因此，我是蹩脚的评论家。"他还对自己不能自如地用语言表达思想深感不满:"我很难明晰而又简洁地表达自己的思想……我的智能有一个不可救药的弱点,使我对自己的见解和假说的原始表述不是错误,就是不通畅。"伟大的马克思有许多天赋,但他在写给燕妮许多诗后,发现自己并不具备杰出的诗才,并作了深刻的自我解剖:"模糊而不成形的感情,不自然,纯粹是从脑子里虚构出来的。现实和理想之间的完全对立,修辞上的斟酌代替了诗的意境。"作家朱自清也曾分析过自己缺乏小说才能的短处,在散文集《背影》自序中说:"我写过诗,写过小说,写过散文。25岁以前,喜欢写诗,近几年诗情枯竭,搁笔已久……我觉得小说非常地难写,不用说长篇,就是短篇,那种简洁的、严密的结构,我一辈子也写不出来。我不知道怎样处置我的材料,使它们各得其所。至于戏剧,我更始终不敢染指。我所写的大抵还是散文多。"

其实,每个人都具有自己的某种优势,都有适合自己的工作、事业。同时,人不是完人,不可能在每个领域都十分突出,有时候甚至缺陷十分明显。不同的人,生理素质、心理特点、智能结构等必然千差万别。有的多条理,善于分析;有的多灵气,富有幻想;有的擅巧计,能于谋略;有的富形相,善于表演。只要比较准确或大致对应地找到自己的成功目标或方向,我们的机遇就或早或晚、或近或远存在于这个方向的轨迹上。

朋友们,让我们先来好好地认识自己。也许我们对数字不敏感,或记不住那么多的外文单词,但我们在处理事务方面却有着自己的专长,能知人善任、排忧解难,有高超的组织能力;也许我们连一张椅子都画不好,但我们却有一副动人的好嗓子;也许……所以做人,先认识自己,认识自己的长处,如果能扬长避短,认准目标,抓紧时间把一件工作或一门学问认真地做下去,自然会结出丰硕的成果。

了解自己，走向快乐和完美

了解了自己，能够大幅度地增加你的力量，进而克服你的缺点，使你的人生迈向完美，赢得快乐的人生。

我们花了很多的工夫、很大的精力去认识世界，了解社会，然而到头来，我们却忽略了对自己的认识和了解。生活中太多的悲剧，都来源于我们人类对自己的不了解，我们不了解自己在宇宙中的地位，我们不了解自己在社会中的价值，我们不了解自身的能力。因而，许多机会与我们擦肩而过，使我们大部分人一生碌碌无为。

我们应该花点时间去全面地了解自己，我们首先应该认识我们的内心，以及内心的每一个角落，想想我们自己都有什么样的特质，想想我们自身的能力以及我们可以成就的事业。然后再回头检查一下我们身上所具备的条件是否可以达到自己预期的目标，如果不能，那么该如何改进？

每个人总是在某些方面盲目，这叫做盲点，这些盲点都是因为我们无法透彻地看清自己。这和你的视力好坏毫无关系，即使你拥有良好的视力，也不代表你能够察觉横在面前的问题是什么，或能清楚地知道对自己而言什么是有益的、恰当的、正确的和值得的。有时我们应该回忆一下过去的成功和失败，这种对往事的追忆，可以帮助我们更好地明了自己。无论过去成功的经验还是失败的教训都有助于我们走向未来。有时我们应当把自己和别人做一下比较，把他人当作自己的一面镜子来看清自己的优点和缺点、长处和不足，因为太多的时候我们对自己的缺点不以为然。同样的一件事情，有着截然不同的两种态度，尤其是当你面临和别人竞争的时候，你必须弄清楚自己的形象，认清自己到底是一个什么样的人。

另外，你应该学会辨别你的情绪世界。你的情绪世界是你心理状

第九章 善待生活：善待自己就是善待快乐

185

态的真实表现,它控制甚至支配着你的行为,学着让情绪帮助你,而不是破坏、毁灭你。去做事情前,先了解你的情绪,当你情绪高涨的时候,做那些较难的工作。这样你就会发现,了解自己,可以增加你的力量,进而克服你的缺点,让你的人生逐步趋向快乐、和谐、完美。

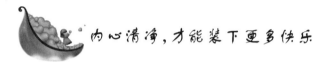

内心清净,才能装下更多快乐

在生活中,我们常被那些凡尘俗事所困扰。生活中的烦扰太多,心就没有办法安宁。很多人之所以烦躁不已,就是因为内心难以平静。虽然人们都想找一片静谧的空间来抚慰自己那颗烦躁的心,但越来越多的人感觉到,这个世界太嘈杂了,已经很难找到这样一个处所。其实,一个人内心的清净,无须依靠外物,只要他能够静下心来,那么,他的人生就无处不得宁静。

有一位妇人,每天都从自己家的花园里采摘一些鲜花送到附近的寺院里供奉佛祖,以此表示对佛祖的虔诚。

一天,当她正送花到佛殿时,恰巧遇到住持,住持非常欣喜地说道:"你每天都这么虔诚地用香花供佛,来世一定会得到佛祖的庇佑,洪福无边。"

妇人听了非常高兴,答道:"用香花供佛是应该的,因为我每天来寺庙供佛时,自觉心灵就像洗涤过一样,感觉清凉无比,可是回到家中,心就不像在庙里那么安宁了。我想知道,如何在喧嚣的尘世中保持一颗清净的心呢?"

住持反问道:"你喜欢鲜花,那你一定知道怎样养护花草,那现在你告诉我,你怎么保持花朵的新鲜呢?"

妇人答道:"保持花朵新鲜的方法很简单,只要每天换水,并且在换水时剪去一截花梗。只要保证花梗的一端在水里不腐烂,就能吸收水分,就不容易凋谢!"

住持道："你知道如何保鲜鲜花，就知道怎样保持一颗清净的心，因为两者的道理是一样的。我们周围的环境就像瓶里的水，人则是水中花，只要不停地净化自己的身心，转化自己的思想，经常自我反省并不断地改掉缺点，我们就能不断吸收到自然给予我们的营养。"

妇人听后感激地说："谢谢大师的开导，希望以后能经常见到您，享受寺院禅者的生活，体验晨钟暮鼓、菩提梵唱的宁静。"

主持道："施主何必要等到以后呢？就现在吧，也不必一定非要在寺院中体验宁静，其实你的身体就是庙宇，呼吸就是菩提梵唱，脉搏就是晨钟暮鼓，菩提在心中，无处不宁静。"

是啊，只要心无杂念，再嘈杂、奢华、繁忙的热闹场也可成为体验内心宁静的道场，只要你能抛开杂念，哪里不是宁静的地方呢？倘若妄念不除，即使佛祖就在身旁，你也一样无法修行。因此，要解脱烦恼获得快乐，就要先抛开杂念，回归本真。

有一个渔夫，他每天早上出海打鱼，每次只打一会儿，一家人的生活就可以解决了。他一天大部分的时间用来和人下棋、聊天以及带孩子玩耍。日子过得无忧无虑、自由自在。

有一天，他在集市上遇到一个商人。商人对他说："市场上的鱼很好卖，你要是每天多花点时间去打鱼，不就可以卖到更多的钱吗？"

渔夫问："然后呢？"

商人说："有了钱，你可以多买些船，然后请人给你打鱼，赚更多的钱。"

渔夫问："再然后呢？"

商人道："拥有更多的资金，你就可以开间海鲜加工厂，成就一番事业。"

渔夫问："实现这个目标要多长时间呢？"

商人说："最多要十几年吧。"

渔夫说："实现这个目标后我又能做什么？"

商人想了想说："实现这个目标后，你就可以回到村子，整天和你的那些老朋友在一起聊天、下棋，和你的老婆、孩子一起过快乐的

187

生活。"

渔夫想了想说："那还是不要折腾了吧，我现在不就过着这样的生活吗……"

是啊，我们为何不能像渔夫那样静下心来，细细地品味生活呢？只要用心感悟生活，平凡中也能体味到深刻。生活就像一杯茶，只有细细品味，才能品味出清香和甘甜。范仲淹在《岳阳楼记》中写道："不以物喜，不以己悲。"这其实也是一种获得快乐的最佳心态。无论外界发生何种变化，无论我们有什么样的情感起伏，只要保持一种宁静、豁达、淡然的心态，就会发现快乐其实很简单。

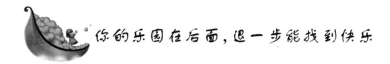
你的乐园在后面，退一步能找到快乐

古语有云：忍一时风平浪静，退一步海阔天空。但在我们的生活中，有人说：我可不愿忍、不想退，那样我就失了尊严，丢了面子，没了威信。也有人说我不敢让，让了别人还会得寸进尺。真是这样吗？逞一时之勇，也许你能夺回面子、获得威信，可是你真的会得到想要的一切吗？

有人认为，快乐就要往前冲。告诉你，不一定。有时候，你的乐园在后面，退一步反而能找到快乐。不是吗？当你身处悬崖边，后面哪怕是一道沟壑，也是你的乐园；当你身处刀山火海，后面哪怕是满地荆棘，也是你的乐园。所以说，快乐不见得非要往前冲，有时候，退一步就是你的乐园。

早晨，一个穿得整整齐齐的小伙子，去隔壁村里迎娶他的新娘。当他走上通往丈人家的窄窄的小桥，眼看就到桥头的时候，迎面走来一位推独轮车的农夫，车上满是家禽。

小伙子不愿让步，他对农夫说："大伯，你看，我就要到桥头了，能不能让我先过去？"

选择生活中的乐趣

农夫把眼一瞪,说:"凭什么让你先过？我要忙着去赶集呢,要是去晚了,我带的几只母鸡就卖不上好价钱了。"

小伙子说:"我让的话,迎娶新娘就会晚了。"

结果,两个人谁也不让谁,虽然两个人都很着急,但因为谁也不肯相让,所以只能僵持在桥上。

过了许久,远处河面上漂来一只小船,船上坐着一个和尚。两个人就请和尚为他们评理。

和尚看了看农夫,问道:"你真的很急吗?"

农夫答道:"我真的很急,再晚我的母鸡就卖不出去了。"

和尚说:"你要是真的急着赶集,为什么不尽快给小伙子让路呢?你只要退那么几步,他便过去了,他一过去,你不就可以去赶集了吗?"

农夫听了和尚的话后,红着脸没有说话。

和尚又笑着问小伙子:"你今天洞房花烛,这可是人生大事,为什么不先退一步呢?"

于是,在和尚的调解下,小伙子和农夫都过了桥。

下午的时候,小伙子和农夫再次在桥上相遇。小伙子是一个人回来的,满脸的沮丧,而农夫的车上,依然是满车的家禽,也是一脸的痛苦。

原来,小伙子因为错过了迎亲的时辰,老丈人不愿意把女儿嫁给他了;而那个农夫,也因为赶集去晚了,一只家禽也没有卖出去。

你看,多可惜呀！两个人中要是有一个人能早点退一步的话,晚上,小伙子就会洞房花烛,农夫也会怀揣着银子回家。

很多人都喜欢争强好胜,但是,不论是说话还是做事,如果不给别人留一点余地,就很容易把自己逼近死角。尝试在生活中换一种角度考虑问题,退一步,有时候是一种以退为进的策略,如果能够把以退为进的策略用于生活中,那么生活就会变得张弛有度。

一天,一位法师正要开门出去,迎面闯进一位魁梧的男子,结结实实地撞到法师身上,把法师的眼镜都撞碎了,镜框还戳破了法师的眼皮,可那位撞人的男子丝毫没有歉意,还恶狠狠地说:"谁让你戴眼

镜的!"

法师笑了笑没有说话。

男子颇觉惊讶,说:"你怎么不生气呢?"

法师说:"生气有用吗?生气能让眼镜复原吗?生气能让脸上的血污消失吗?生气只会让事情变得更糟糕,造成更多的恶缘。要是我早退一步,我们就会避免相撞了。"

男子听后十分感动,就向法师请教了很多问题,然后若有所悟地离开了。

一年后的一天,法师接到一封信,信内装有五千元钱,正是那位男子寄的。

原来当年男子的生活很不顺利,婚后夫妻感情也不好,他每天都生活在痛苦之中。一天,他发现自己的妻子与一名男子在家中谈笑,他非常气愤,就在厨房找了一把菜刀,打算杀了他们,然后自尽。他正要冲进客厅,却看见那个男子惊慌地回过头,仓促之中脸上的眼镜也掉了下来,就在那一瞬间,他想起了法师的教诲,于是他退出了客厅,走出了家门。后来,他开始了自己的新生活,事业也顺利了。这次,他特地寄来5000元钱,感谢从法师那里得到了人生幸福、快乐的秘籍。

很多时候,在生活中退一小步,就能让你的人生快乐许多。退一步就是忍一忍,退一步就是吃点亏,退一步就是让一让。忍一忍,会让你少去很多困难;吃点亏,会让你少去很多麻烦;让一让,会让你免去灾难。想一想,没有困难、麻烦和灾难的人生难道不就是快乐吗?所以,人生快乐的密码就是三个字:退一步!

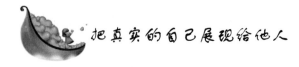

把真实的自己展现给他人

很多人为了面子、虚荣心和所谓的自尊心,害怕别人知道自己"不光彩"的一面,不断掩饰自己的内心。为了保护自己,他们整日戴着面具生活。久而久之,他们习惯了这种不真实的生活,也找不到真实的自己。

敢于做最真实自己的人是自信的,他们不会总是将注意力放在别人的优点上羡慕不已,她们从不自怨自艾,他们更相信自己身上有着与众不同的一面。

有一个雌毛毛虫谈恋爱了,它总觉得自己毛多貌丑,便忍着疼痛拔光了身上的毛,拔光后的肌肤光滑细嫩,它很满意,便急忙找到雄毛毛虫,希望从它那儿获得赞赏,哪知雄毛毛虫一脚把它踢到地上,说:该死的蚯蚓,你在地上生活得好好的,跑树上来干吗?

笑话里的毛毛虫以为自己长得丑,就大张旗鼓地去改变自己的外表。虫有虫的思维,虫有虫的悲哀,然而人类又何尝没犯过如虫一样的低级错误呢? 有些女人为获得更美观的外表,不惜摧残自己的身体去整形、隆鼻、丰胸,更有甚者为增高弄断腿骨……女人的美丽难道只体现在外表吗? 还是学识、能力、气质? 外表当然可以体现女人的美,但最美的女人是真实、自信的女人。

上天对每个人都是公平的,没有哪个人能够占尽世间的便宜。出色往往伴随着孤独,富有的背面往往是身心与时间的过分透支。在这个世界上一定有一部分人比你幸运、比你努力,他们因此而拥有的美好要比你多一些,即使这样,也请你不要羡慕他们,因为这个羡慕是嫉妒的前兆,对别人一旦怀有羡慕之心,人就会不自觉地将自己的姿态放得低于别人,而那蓬勃的生命力也会被笼罩在偶像的阴影之下,那些本应该有的创造力与自信都会在无形之中被削弱被打击。要知道,在这个世界上,没有一位伟人是靠羡慕他人来成就自己的。

很多人面对每天的生活无奈地叹息一声:"啊,今天结束了,明天又是劳累的一天……"于是,经常在被窝里翻来覆去难以入眠,甚至觉得睡觉是件痛苦的事。你又何必要如此为难自己,即便你职位高了、收入多了、经验足了、资历深了、心气盛了……但是精神空了、健康垮了、快乐少了、心情闷了,两者又孰轻孰重呢? 其实,每个人都会有心理上、情绪上的低落,这与个人的生理周期、性格有关,也有来自事业、

191

家庭、感情等外界因素，面对这些不可抗因素，不如让自己放轻松，凡事不必太较真，输也好胜也罢，输赢都只不过是人生的一小段插曲而已，这才是成功人生的最高境界。

美国著名心理学家马斯洛说："对现实具有高效率的知觉，能悦纳自己，悦纳他人，能承受欢乐和忧伤。悦纳自己就要接受真实的自己，去做真实的自己，关爱自己的健康，关爱自己的成长，关爱自己的心灵。"

不妨与自己的心灵经常展开对话，问问自己："为什么今天要努力？今天做的哪些事情与我的目标原则相关？假如我松懈了，会产生什么样的后果？"

在与快节奏的生活步调搏斗的同时，不妨每天给自己十分钟的独处时间来进行自省。可以找一个安静的、不被人打扰的环境，让自己不受电话、家人的打扰而独处。把一天的坏情绪、烦恼、压抑与失落都抛之脑后，给自己一些正面的暗示，你会发现自己不再抱怨生活，你的生活也会充满欢乐。同时，也要不断地察看自身的缺点，察看自身缺点可以帮助自己脚踏实地、诚实而坦然地克服这些缺点。一个人能够认清自己的缺点，并努力把它改正过来，他就会拥有无穷的力量与信心，他才有勇气面对真实的自己，并把真实的自己展现给他人。

最后，去想想自己明天想要做的事情，然后闭上眼睛，让整个身心放松下来，感受生活中美好的一切。

找回真正的自己，脱离虚假的人生，你会发现真实生活中一切别有一番风味，真实的自己才可以活得潇洒自在。

让心灵布满阳光，迎接五彩生活

有人说，生活就像一望无际的大海，人就是大海上的一叶扁舟。大海无风浪三尺。在大海上航行，会遇到很多的困难，让你心力交瘁。

选择生活中的乐趣

大海不可能风平浪静,生活也不会一帆风顺,我们一定要守住一颗宁静的心,只有这样我们才可以勇敢地驶向美丽的港湾。

那么,怎么才能使自己的心宁静呢?宁静是一种生活态度,只要打开心灵之窗,让温暖的阳光照进来,我们的心就会温暖,我们就会幸福、快乐。

杨太太的丈夫是一位知名企业家,一向对她呵护有加,在别人看来,她可以说是天底下最幸福的女人。但她并不觉得自己幸福,反而觉得自己很痛苦,常常一个人伤心地哭泣。有一次,她在一个朋友面前哭得很伤心,朋友问她:"你为什么伤心呢?"

她说:"你有所不知,他对我用情不专,这让我很痛苦。"

朋友劝她说:"感情是不可强求的,就像你手中的沙子,你抓得越紧沙子就会溢出得越多。"

她问:"那我该怎么办呢?"

朋友回答道:"不要把感情当成绳子,倘若把他拴得太紧,他就会喘不过气来,他就会出去寻找新鲜空气,你拉得越紧他跑得越远,而你呢,也只会越来越累。放开吧!放开他,也就是放开你自己。"

请用一颗豁达、平静的心来看待工作、感情。就拿婚姻来说,你的爱人由于你管得太紧,表面上对你百依百顺,内心却充满了抗拒。他对你很难产生怜爱之心,也就难怪会对你有欺骗的行为。所以,你最应该做的就是以宽大的胸怀包容他的一切,把对他的爱扩展到他的亲人、他的朋友……一旦你给予他的爱是自在、轻松、快乐的,那么他一定会感激你,并珍惜他跟你的这份感情。

打开你心灵的窗户,让温暖的阳光照进来,这样,再冷再硬的心也会融化。即使这一切都无法挽回,你的心灵已经充满阳光,你也不会再痛苦。何必让自己活得如此不快呢,只要你轻轻地把朝向阳光的窗户打开,你的生活就会春光一片。

打开心灵的窗户很简单,每个人都可以做到,只要你愿意。让心灵布满阳光,勇敢地走向前方,走进美好的未来,迎接五彩缤纷的生活。不管遇到的困难有多大,我们的心也不会暗淡,快乐也不会远离

我们。

比伯是一家汽车公司的员工,在一次事故中,他的右眼受伤了,后来失明了。

原本性格开朗的比伯一下子变得闷闷不乐起来。他害怕出门,害怕别人问他的眼睛。

由于自卑,比伯不愿出门,他总是请假,没有了工资,家庭的所有开支都落在了妻子丽斯的肩上。生活压力一下子大了好多,丽斯只好晚上又兼了一份工作,她很爱这个家,很爱比伯。丽斯相信,丈夫总有一天会从心灵的阴影中走出来。

可是,祸不单行,比伯右眼的受伤,导致了左眼的视力也跟着下降。在一个风和日丽的早晨,比伯竟然看不清儿子在院子里踢球了。丽斯惊讶地看着丈夫,以前,儿子在更远的地方,他也能看到的。

丽斯一句话也没有说,她走到丈夫身边,紧紧地抱住了他。

比伯说:"亲爱的,我已经意识到了。"

其实,对于现在这种情况,丽斯早就有心理准备了,不过,她不想让比伯更加难过,于是她请求医生不要把实情告诉比伯。可是,医生却告诉丽斯,情况要糟糕得多,因为感染,比伯的左眼可能也会失明。

丽斯知道比伯能看见的日子不多了,她想在丈夫还能看见的日子里看到更多的美好,于是,她每天都穿得漂漂亮亮的,并且在比伯面前,她掩饰住悲伤,总是微笑。

几个月后的一天,比伯说:"丽斯,你怎么穿了一件这么旧的衣服?"

丽斯说:"哦,那我去换一件吧。"丽斯走到了换衣间,可是她忍不住偷偷地哭了。因为这件衣服是她刚买的新衣服呀。

丽斯决定把家里重新粉刷一遍,她希望比伯能看到焕然一新的新家。

很快,油漆匠找来了。这是个非常快乐的油漆匠,每天干活的时候,他都愉快地吹着口哨。他的好心情影响了丽斯和比伯,他们也觉得非常开心。

选
择
生
活
中
的
乐
趣

几天后,他就把丽斯和比伯的家粉刷一新。在结算工钱的时候,油漆匠少算了 20 美元。

比伯说:"你少算了工钱。"

油漆匠说:"我已经算进去了,看到你们这个家如此幸福,我也觉得开心。"

比伯却坚持要给油漆匠这 20 美元,他说:"你同样让我知道了残疾人也可以自食其力、快乐生活,我也看到了生活的勇气。"

原来。油漆匠只有一只胳膊。

有时候,我们感到生活得很痛苦,是因为我们封闭了自己。让我们打开心灵之窗,去迎接更多的阳光吧。只有内心世界充满阳光的人,才不会畏惧困难,才会勇往直前,不断追求自己想要的生活,成功就在前面,幸福和快乐也不会遥远。

打开心窗,让阳光进来,既温暖自己,又照亮他人。

第九章 善待生活: 善待自己就是善待快乐

195

第十章 乐观生活:乐观让快乐围绕着你

　　极强烈而有效的乐观主义,能使人们战胜全世界的糊涂、盲从、冷酷、恐怖、怨恨和反抗。而且工作愈伟大,所受的反抗也愈厉害,简直成为一种律令,对付这种厉害的反抗,最重要的武器就是乐观主义。

 ## 乐观让快乐围绕着你

古时候有这样一个笑话：一人从集市上买回一罐油，由于急着赶路，不幸罐索腐朽，油罐坠地摔碎，他头也不回地继续前行。路人提醒他："你看你的油罐碎了。"他回答说："已经碎了，看有什么用，只能耽误走路。"这大概就是人们常常想到、常常念着的"乐观主义"了。

可见，乐观主义能帮人战胜许多愁苦、困难、穷苦、失望。

人生总会碰到恶魔的。一个人的目的愈远，计划愈大，他的工作所经过的途径也愈远；在前进的时候，有许多愁虑、困难、穷苦、失望，都是当然要碰到的恶魔。乐观主义的人，就像这个拎油罐的人一样，是不怕这些恶魔的摧残的，反而会振起精神，抱着希望，向前赶去！因为他们知道，倘被恶魔所屈服，便灭亡了；只有抱着乐观主义的态度，才能战胜恶魔，取得胜利！

凡是要做得好的事情，都不是随随便便就能成功的，都不是容易的。你自己要立于什么地位？要达到什么地步？情愿付什么代价？你所希望的地位或地步总在那里，不过必须先付足了代价的人，才能"如愿以偿"。成功的一条路上，有许多小失败排列着，最后的成功是在能用坚毅的精神，伶俐的眼光，从这许多小失败里面寻出教训，尽量地利用它，向前猛进。而这种"寻出"和"尽量地利用"，唯有抱乐观主义的人才能够办到。

有许多人，对乐观主义有一种误解，以为乐观主义的人不过是"嬉皮笑脸""随随便便""一切放任""得过且过""唯唯诺诺"，请君切莫误信这种谬说。真正的乐观主义者是用积极的精神向前奋斗的人，是战胜愁虑穷苦的人。这类的苦境，常人遇着，要"心胆俱碎""一蹶而不能复振"的；只有真正乐观主义的人才能努力奋斗，才敢努力奋斗！所以讲到乐观主义还不够，要有"有效率的乐观主义"才行。

古今中外,因为有极强烈而有效的乐观主义,战胜各种艰难险阻取得胜利的大有人在。牛顿发现万有引力学说的时候,全世界人反对他;哈维发明血液循环学说的时候,全世界人反对他;达尔文宣布进化论的时候,全世界人反对他;贝尔第一次造电话的时候,全世界人讥笑他;莱特刚开始埋头于制造飞机的时候,全世界人讥笑他;孙中山先生,最初在南洋演讲革命救国理论的时候,有一次听的人只有三个。这些伟人都因抱着乐观主义的精神,而为世人所称道。

极强烈而有效的乐观主义,能使人们战胜全世界的糊涂、盲从、冷酷、恐怖、怨恨和反抗。而且工作愈伟大,所受的反抗也愈厉害,简直成为一种律令,对付这种厉害的反抗,最重要的武器就是乐观主义。一个人,缺少了乐观主义精神,难免在各种恶魔面前败下阵来。

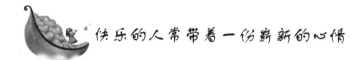 **快乐的人常带着一份崭新的心情**

没有快乐的人,走到任何地方,都牵制着一个什么东西。在家里牵制着工作,在单位牵制着家庭,他仅仅是借着为了公司、为了家庭这个漂亮的托词活在世上的,什么生活乐趣都没有。斩断这个恶性循环最好的办法就是多多增加你的出场"镜头",亮相的机会多了,就能常带着一份崭新的心情。

朱阳在某电视机厂当技工,他简直不知"生气"为何物,成天乐呵呵地见着谁都是笑,在别人看来,仿佛他每天都捡到了钱似的。其实朱阳经济并不宽裕,娶了个老婆比会计师还会算账。原来他抽烟,老婆不乐意,干脆一根也不抽了;原来他不洗衣服,老婆也不洗,干脆他全包去洗了:八小时以外虽是"自由人",但老婆管得紧,干脆一切都依她的了。尽管这样,朱阳的脸部表情丝毫也不显难色,每当同事们用"妻管严"开他玩笑,朱阳还能振振有词地反诘别人:"管不就是爱的表示么?管得越严,爱得越深嘛。"每逢厂领导召集大家训完话,别人是一串串的牢骚，唯独朱阳却一首首地唱起流行歌曲。因为评工资差点没被升上，他老婆到厂里闹了几回才补上了，而他却事不关己似的没有任何冲动。

所有的处世做派都是为了快乐地生活，而不是为了给自己和周围的人带来痛苦，或使自己活得拘束，而是为了快乐、舒畅地活在世上。

为此，既不要背上过多的精神包袱，也不要让自己不堪重负：既不要做别人的牺牲者，也不要把别人当作自己的牺牲品。

但是，如果你没有快乐的话，就什么都谈不上了：没有那种愉快生活的真实感受，就无法给人带来那一切。

所以，要以轻松愉快的心情面对各种事物。即使被忙碌的工作弄得筋疲力尽，当一走出单位，也要做一个深呼吸使自己变得轻松起来。总之，不管到了怎样的场合，都要带着新的心情面对新的场景。记住了这一点，你在工作、家庭、娱乐等不同情况下都能聚精会神于彼时彼刻。人常说的"从过去的世界向前跨出一步"，指的就是这个道理。

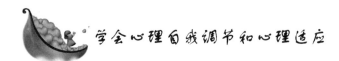

学会心理自我调节和心理适应

据心理学家介绍，由于现代人生活方式的改变，生活节奏的加快，一些人的盲目行为增多，加之过分追求短期效益，因而失败的几率较高，内心失去平衡，容易产生心理问题。心理专家认为：一个人的心理状态常常直接影响他的人生观、价值观，直接影响到他的某个具体行为。因而从某种意义上讲，心理卫生比生理卫生显得更为重要。

心理学家认为，一般的心理问题都可以自我调节，每个人都可以用多种形式自我放松，缓和自身的心理压力和排解心理障碍。面对"心病"，关键是你如何去认识它，并以正确的心态去对待它。虽然我们找心理医生看病还不能像看感冒发烧那样方便，但提高自己的心理素质，学会心理自我调节，学会心理适应，学会自助，每个人都可以在心理疾患发展的某些阶段成为自己的"心理医生"。

首先,掌握一定的心理卫生科学知识,正确认识心理问题出现的原因;其次,能够冷静清醒地分析问题的因果关系,特别是主观原因和缺欠,安排好对己对人都负责任的相应措施;另外,恰当地评价自我调节的能力,选择适当的就医方式和时机。最后一点,也是日常生活中最关键的一点,就是树立正确的人生观和处世观,拥有正常睿智的思维,避免走入心灵的误区。

1. 要加强修养,遇事泰然处之

要清醒地认识到生命总是由旺盛走向衰老直至消亡,这是不能抗拒的自然规律。应当养成乐观、豁达的个性,平静地接受生理上出现的种种变化,并随之调整自己的生活和工作节奏,主动地避免因生理变化而对心理造成的冲击。事实上,那些拥有宽广胸怀、遇事想得开的人是不会受到灰色心理疾病困扰的。

2. 要合理安排生活,培养多种兴趣

人在无所事事的时候常会胡思乱想,所以要合理地安排工作与生活。适度紧张有序的工作可以避免心理上滋生失落感,令生活更加充实,而充实的生活可改善人的抑郁心理。同时,要培养多种兴趣。爱好广泛者总觉得时间不够用,生活丰富多彩就能驱散不健康的情绪,并可增强生命的活力,令人生更有意义。

3. 尽力寻找情绪体验的机会

一是多想想你所从事的事业,时时不忘创新,做出新的成绩,跃上新的台阶;再者要关心他人,与亲朋、同事同甘共苦,无论悲欢、离合,都是对心理的撼动,它会使人头脑清醒,心胸开阔;三是多参加公益活动,乐善好施,为子孙造福。最好是学会一门艺术,无论唱歌弹琴,写作绘画,集邮藏币,都会使你进入一种新的境界,产生新的追求,在你的爱好之中寻找乐趣。

4. 保护心理宁静

面对大量的信息,不要紧张不安、焦急烦躁、手足无措,要保持心情宁静,学会吸收现代科学信息的方法,提高应变能力。还要尽量多地设想出获取它们的可行途径,并选择一个最佳行动方案,从而减轻个人的心理负担,又能收到事半功倍之效。

5. 适当变换环境

一个人在一个缺乏竞争的环境里容易滋生惰性,不求有功但求无过,过于安逸的环境反而更易引发心理失衡。而新的环境,接受具有挑战性的工作、生活,可激发人的潜能与活力,变换环境进而变换心境,使自己始终保持健康向上的心理,避免心理失衡。

6. 正确认识自己与社会的关系

要根据社会的要求,随时调整自己的意识和行为,使之更符合社会规范。要摆正个人与集体、个人与社会的关系,正确对待个人得失、成功与失败。这样,就可以减少心理失衡。

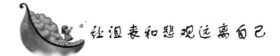

让沮丧和悲观远离自己

日常生活中,谁都难免有不如意的事。工作单位、人际交往,也难免碰上不如意的人和事。面对这些,不必心烦意乱,不必忧心忡忡,不必垂头丧气,不必作茧自缚,而是应该不往心里去,一笑了之,拂袖而去。

人们都经历过一些小的失意,有人遇到这些失意时,觉得一切都不尽如人意,忧郁不安,悲观自怜,结果更加失意,以致失去了幸福和欢乐。正确思维应是寻找产生沮丧和悲观心理的原因,一旦找到并能做出答复,就可能幡然醒悟,得以解脱。

改变沮丧和悲观心理的一个办法是,避免老是看到自己的不足,而应突出自己的优势,重视自己的优势。随着你的积极思维有意地增加,消极思维就自然地减少了。突出优势的另一面是最大限度地削弱失败的影响。尽管无法避免偶尔的失败,但是你可以控制失败对自己的影响。承认失败是生活中的一部分,会使自己情绪好一些。过分强调失败,只会降低自信,使自己处于沮丧之中。

在工作和家庭环境没有改变的时候,"积极想象法"会使你对生活更乐观。你可以想象自己做了一些想做的事后度过一段非常愉快美好的日子。要知道,任何事情在想象中都是可能的。当你打算参加某项活动而又心存恐惧时,就对自己说:"我能做好这件事,我比别人更善于控制自己的生活。"这种语言暗示法的好处是你对自己所说的话语往往能影响你的自我感觉,明显改善沮丧情绪。

多数沮丧悲观者对未来担忧时,也正为自己建立越来越狭窄、有限的世界。沮丧时假如你做些与他人合作的工作,由于受到他人的约束,你就得考虑些自己以外的事情,生活也就会出现新的意义。愉快的社交活动对人们情绪的影响是任何一项奖赏都不能比拟的。当人们掌握了处理人际关系的技巧后,自重感增加,也会慢慢地赶走沮丧心情。

一个沮丧悲观的人老待在屋子里,便会产生被禁锢的感觉。然而,当他离开屋子,漫步在林荫大道时,就会发现心绪突然变了,怒气和沮丧也消失了,心中充满了宁静,自然的色彩给人带来阵阵快意。另外,任何一种体育锻炼都有助于克服沮丧,经常参加体育锻炼会使人精神振奋,避免消极地生活下去。

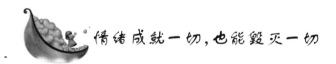

情绪成就一切,也能毁灭一切

情绪是人对事物的一种最浅、最直观、最不用脑筋的情感反应。它往往只从维护情感主体的自尊和利益出发,不对事物做复杂、深远和智谋的考虑,这样的结果,常使自己处在很不利的位置上或为他人所利用。本来,情感离智谋就已距离很远了,情绪更是情感的最表面部分,最浮躁部分,以情绪做事,焉有理智的? 不理智,能够胜算吗?能占别人的便宜吗? 看来是不可能的。

但是我们在工作、生活、待人接物中，却常常依从情绪的摆布，头脑一发热（情绪上来了），什么蠢事都愿意做，什么蠢事都做得出来。比如，因一句无甚利害的谈话，我们便可能与人打斗，甚至拼命（诗人莱蒙托夫、诗人普希金与人决斗死亡，便是此类情绪所为）；又如，别人给我们的一点假仁假义，而心肠顿软，大犯根本性的错误（西楚霸王项羽在鸿门宴上耳软、心软，以至放走死敌刘邦，最终痛失天下，便是这种妇人心肠的情绪所为）；还可以举出很多因情绪的浮躁、简单、不理智等而犯的过错，大则失国失天下，小则误人误己误事。事后冷静下来，自己也会感到其实可以不必那样。这都是因为情绪的躁动和亢奋，蒙蔽了人的心智所为。

这些情绪实际上就是个人心态的反映，而这种心态有时将你作为完全掌控的对象。要想把握自己，你必须控制你的思想，你必须对思想中产生的各种情绪保持着警觉性，并且视其对心态的影响是好是坏而接受或拒绝。乐观会增强你的信心和弹性，而仇恨会使你失去宽容和正义感。如果你无法控制自己情绪，你的一生将会因为不时的情绪冲动而受害。

情绪误人误事，不胜枚举。一般心性敏感的人、头脑简单的人、年轻的人，易受情绪支配，头脑容易发热。问一问你自己，你爱头脑发热吗？你爱情绪冲动吗？检查一下你自己曾经因此做过哪些错事，犯傻的事，以警示自己的未来。

情绪成就一切。如果你正在努力控制情绪的话，可准备一张图表，写下你每天体验并且控制情绪的次数，这种方法可使你了解情绪发作的频繁性和它的力量。一旦你发现刺激情绪的因素时，便可采取行动除掉这些因素，或把它们找出来充分利用。

将你追求成功的欲望，转变成一股强烈的执著意念，并且着手实现你的明确目标，这是使你学得情绪控制能力的两个基本要件，这两个基本要件之间，具有相辅相成的关系，而其中一个要件获得进展时，另一要件也会有所进展。

驱散不良情绪的妙方

对不良情绪的调整,可以采取以下的方法。

1. 自我激励法

在遇到困难、挫折、打击、逆境而痛苦时,用坚定的信念、伟人的言行、生活中的榜样和哲理来安慰自己,鼓励自己同逆境和痛苦进行斗争。自我激励是人们精神活动的动力源泉之一。

2. 宣泄法

情绪的宣泄是平衡心理、保持和增进心理健康的重要方法。不良情绪来临时,我们不应一味地控制与压抑,还要懂得适当的宣泄。

当生气和愤怒时,可以到空旷的地方去大喊几声,或者像屠格涅夫一样"在开口前把舌头在嘴里转上十圈,怒气也就减了一半",或者进行比较剧烈的体育活动,如跑两圈、扔铅球等。

当过度痛苦和悲伤时,放声痛哭比强忍眼泪要好。研究证明,情绪性的眼泪和别的眼泪不同,它含有一种有毒生物化学物质,会引起血压升高、心跳加快和消化不良等不良症状。通过流泪,把这些物质排出体外,对身体有利。尤其是在亲人和挚友面前痛哭流涕,是一种真实感情的宣泄,哭过之后痛苦和悲伤就会减轻许多。

一位百岁老人的经验值得我们借鉴一下。产生不良情绪时,他有调节的妙招:第一步、坚决不去想烦心事;第二步、和童真的小孩们一块玩耍;第三步、照镜子,看看自己生气的样子是不是很难看,然后努力拿出笑容,看看是不是很悦目。

3. 语言暗示法

语言是人类独有的高级心理功能,是人们交流思想和彼此影响的工具。语言的暗示对人的心理乃至行为都会产生奇妙的作用。在被不良情绪所压抑的时候,可以通过语言的暗示作用,来调整和放松心理上的紧张状态,使不良情绪得以缓解。比如,在发怒的时候,就重述一下达尔文的名言:"人要是发脾气就等于在人类进步的阶梯上倒退了一步。愤怒是以愚蠢开始,以后悔告终。"或者用自编的语言暗示自己,如"不要发怒"、"别做蠢事,发怒是无能的表现"、"发怒会把事情办坏的"、"发怒既伤自己,又伤别人,还于事无补"。还可以在家中或单位悬挂字幅暗示自己。例如,禁烟英雄林则徐,为了控制自己的暴躁脾气,便在中堂挂了上书"制怒"的大字幅,随时提醒自己。在忧愁满腹时,则可以提醒自己"忧愁没用,要面对现实,想出解决办法"等。在松弛平静、排除杂念、专心致志的情况下,进行这种自我暗示,往往对情绪的好转有明显的作用。

4. 创造欢乐法

情绪不佳时,要积极创造快乐、酿造笑容。笑,能瞬间击溃所有的烦恼,调解精神,促进身体健康。

5. 景色调节法

情绪不佳时,千万不要一个人关在屋子里生闷气,要到景色怡人的大自然中走一走,比如环境优美、空气宜人的花园、郊外,甚至是农村的田园小路,能宽广胸怀、愉悦身心、陶冶情操,能有效调节人的心理状态。尤其是长期处于紧张工作状态的人,最好定期到大自然中去放松一下。

6. 求助他人法

培根说过:"如果把你的苦恼与朋友分担,你就剩下一半的苦恼了。"不良情绪仅靠自己调节是不够的,还需要他人的疏导。人的情绪受到压抑时,应把心中的苦恼倾诉出来,如果长时间地强行压抑不良情绪的外露,就会给人的身心健康带来伤害。特别是性格内向的人,光靠自我控制、自我调节还远远不够,可以找一个亲人、好友或可以信赖的人倾诉自己的苦恼,求得别人的帮助和指点。在很多情况下,一个人对问题的认识往往是有限的,甚至是模糊的,旁人点拨几句,会使你茅塞顿开。这时人家即使不发表意见,仅仅是静静地听你说,也会使你得到很大的满足。别人的理解、关怀、同情和鼓励,更是心理上的极大安慰,尤其是遇到人生的不幸或严重的疾病,更需要别人的开导和安慰。将自己的忧愁和烦恼倾诉出来,不但会保持愉快的情绪,而且会增进人际交往,令你感觉到自己生活在爱的怀抱中。

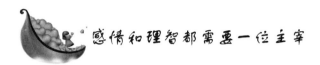

感情和理智都需要一位主宰

把你的心智想象成是一座贮存你潜在力量的贮存库,你现在应学习从库中释放适当数量的力量,并将它导引到正确方向,这就是自律的本质。

一个人能达到自律要求后,在其他原则方面必然也会有所进步。自律要求自我认识以及对自己能力的正确评估。同样,如果缺乏自律能力,其他原理也无法真正付诸行动。自律可以说是一条管道,而你为了达到成功目标,所必须表现出来的所有个人力量都会流经这个管道。大多数的人都是先行动再思考行动的后果,自律则要求相反的程序:你将学习"谋定而后动"。

学习这种程序的主要方法,就是控制你的情绪。我们来认识以下14种主要的情绪:

七种消极情绪为:

恐惧,仇恨,愤怒,贪婪,嫉妒,报复,迷信。

七种积极情绪为:

爱,性,希望,信心,同情,乐观,忠诚。

所有这些情绪都是一种心理状态,所以也是你能掌控的对象。你可以想象,如果不能控制那些消极情绪,会造成多么大的危险。同样,如果你不能有意识地控制那些积极情绪的话,它们也会造成破坏性的结果。

隐藏在这些情绪里的,是具有爆炸威力的力量。如果你能适当地控制这股力量,它就可能使你获得成就;但如果你任由它自行奔放,它

第十章 乐观生活:乐观让快乐围绕着你

就可能把你扔到失败的深渊之中,使你头破血流。所以,你必须用你的判断力来控制你的情绪,以期你的热忱和欲望不致脱离你的智慧范围而成为脱缰野马。换句话说,你必须约束你自己,以使得你前进的推动力永远受到控制,而且会被导引到正确的管道中。

自律要求以你的理性来平衡你的情绪,也就是说,在你作决定之前,你应学习兼顾你的感情和理性。有时甚至应该排除所有情绪,而只接受理性的一面。

你必须控制并导引你的情绪而非摧毁它,况且摧毁情绪是一件不可能的事情。情绪就像河流一样,你可以筑一道堤防把它挡起来,并在控制和导引之下排放它,但却不能永远抑制它,否则那道堤防迟早会崩溃,并造成大灾难。

你的消极心态同样也可被控制和导引,积极心态和自律可去除其中有害的部分,而使这些消极心态能为目标贡献力量。有的时候,恐惧和生气会激发出更彻底的行动,但是在你释放消极情绪(以及积极情绪)之前,务必要让你的理性为它们做一番检验,缺乏理性的情绪必然是一位可怕的敌人。

是什么力量使得情绪和理性之间能够达到平衡,从而使你的头脑永远保持冷静呢?是意志力或自尊心。自律会教导你的意志力作为理性和情绪的后盾,并强化二者的表现强度。

你的感情和理智都需要一位主宰,而在你的自尊心里就可发现这个主宰。然而,只有你在发挥你的自律精神时,自尊心才会扮演好这个角色。如果没有了自律,你的理智和感情便会随心所欲地进行战争,战争结果当然是你会受到严重的伤害。

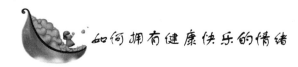

如何拥有健康快乐的情绪

消极情绪会给身心健康带来严重的不良后果,也会给个人的学习、工作、生活等各方面造成严重的损失,保持健康的情绪非常重要。那么应该如何做才能拥有健康快乐的情绪呢?

1. 培养幽默感

幽默感常常可以使一个原来比较紧张的气氛变得轻松。研究发现,在问题面前,那些经常运用幽默作为应对机制的人,健康问题较少;而那些经常运用哭喊作为应对机制的人,健康问题就较多。

2. 增加愉快的生活体验

我们要设法增加生活的情趣,增加愉快的生活体验。这样,即使偶尔遇到不愉快的事情,也不至于发生过于强烈的情绪反应。研究发现,增加令人愉快的体验,可以因此减弱消极情绪状态,而提高 A 型免疫球蛋白,提高免疫反应水平。

3. 使情绪获得适当表现的机会

人都有"七情六欲",情绪是生活的组成部分。对起伏的情绪不必也不能一概予以抑制,而应选择适当的方式,如运动、旅游、倾诉等,给情绪适当的发泄机会。研究发现,有机会倾吐自己的痛苦并得到他人的劝慰能极大地改善健康功能,增强免疫系统活动。

4. 学习从光明的一面去观察事物

很多从表面看是令人生气或悲伤的事件,如果变化一个角度,以另外一种眼光去看,常可发现一些正面的、具有积极意义的东西。

5. 要有自己的事业和追求

没有人生的追求,人就会失去前进的方向,在学习和工作中无所适从,情绪也会很消极。有了自己的事业和追求,并积极地为之奋斗,人就会体验到一种发自内心的满足,进而会产生积极的情绪。

6. 积极参与社会交往

保持健康情绪和心身健康的最佳途径,就是积极参与社会活动,多与人交往,为社会贡献力量的同时体现自我价值。研究证明,社会交往能使人产生积极的情绪体验,积极的情绪体验又会使人们更积极地与人交往,更好地适应环境与应对应激事件,从而形成一个良性循环。

7. 对问题当机立断

犹豫不决会引起不良情绪,损害身心健康。不要太追求完美,宁可偶尔出些小错,也不要为一些问题左思右想。

8. 珍惜时光

有许多人生活在期望中,总是着眼于未来,而忽视了自己眼前的大好时光。只有善于利用眼前的宝贵时光,才可确保充实的生活和饱满的情绪。

 调节情绪,常怀一颗欢喜心

历史学家维尔·杜兰特希望在知识中寻找快乐,却只找到幻灭;他在旅行中寻找快乐,却只找到疲倦;他在财富中寻找快乐,却只找到纷乱忧虑;他在写作中寻找快乐,却只找到身心疲惫。有一天,他看见一个女人坐在车里等人,怀中抱着一个熟睡的婴儿。一个男人从火车上走下来,走到那对母子身边,温柔地亲吻女人和她怀中的婴儿,小心翼翼地不敢惊醒他。然后这一家人开车走了,留下杜兰特望着他们离去的方向深思。

常听人说,"心想事成","万事如意"。实际情况却常常相反:"心想难以事成。""不如意事常有八九。"喜怒哀乐本是人之常情,但是如果不加以调节,让不良情绪长期左右自己,就会有损于健康,甚至使人失去生活的信心。

现代心理医学研究表明:人的心理活动和人体的生理功能之间存在着内在联系。良好的情绪状态可以使生理处于最佳状态,反之则会降低或破坏某种功能,引发各种疾病。俗话说:"吃饭欢乐,胜似吃药。"说的就是良好的情绪能促进食欲,有利于消化。心不爽,则气不顺;气不顺,则病易生。难怪有的生理学家把情绪称为"生命的指挥棒","健康的寒暑表"。

许多医学专家认为,良好的情绪本身就是良医,人体85%的疾病可以自我控制,只要心情愉快,神经松弛,余下的15%也不全靠医生,病人的情绪和精神状态是个不可忽视的重要因素。

保持一颗平常心,做到仁爱、平静、理智、乐观、豁达,不以物喜,不以己悲,想得开,想得宽,想得远,对名利得失采取超然物外的态度,一切顺其自然,处之泰然。把风风雨雨、飞短流长统统置之脑后。对那些不愉快的事情,要拨开迷雾,化忧为喜。因为不管你遇到什么不顺心、不如意的事,如果整日愁眉不展,不但于事无补,反而有损身心健康。

法国作家大仲马说:"人生是一串用无数小烦恼组成的念珠,乐观的人是笑着数完这串念珠的。"一个人如果能乐观地对待不如意的事,自然会烦恼自消,愁肠自解。

常怀一颗欢喜心,调节好自己的情绪,使好的心情与自己结伴而行,是完全可以做到的。因为情绪是主观对客观的一种感受和体验,是可以自己支配的。人到晚年,调节好自己的情绪,使自己进入洒脱通达的境界,就掌握了生命的主动权,就能感受和体会到生命和生活中的无穷乐趣。

其实,有很多时候是我们自己给快乐设定了障碍,因此,不妨给自己提一个建议:不要为享乐设定先决条件。

不要对自己说:"等我赚到一万美元,我才可以好好享乐。"

不要说:"等我上了那架飞往巴黎、罗马、维也纳的飞机,我就高兴了。"

不要说:"等我到了60岁退休时,我就能躺在安乐椅上享受日光浴……"

享乐不应该有"假如"等限定条件。

每天的一个基本目标是:你有权自娱,不论你是一位百万富翁或是一个不名一文的流浪汉。

211

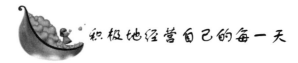

"把今天视为生命的最后一天来生活!"这不是悲观消极的想法,而是要我们以更达观的态度面对世事,抛开人际的纠葛,积极地经营自己生命中的每一天。

伍登是美国有史以来最成功的篮球教练,同时他也是一位充分运用自我暗示的力量,让自己成为佼佼者。当伍登还是个小男孩的时候,他的父亲便时常对他说:"让每一天都成为你的最佳杰作!"伍登时时刻刻都记着父亲留给他的这句话,不管刮风或下雨,这句话让伍登的每一天都充满了活力,而且没有一天例外。即使是生病了,在他的脸上仍然看不出一点病态,全身上下永远充满了活力的色彩。

伍登在加州大学洛杉矶分校担任篮球教练时,12 年之内带领该校篮球队总共荣获了 10 次全国冠军。

当人们问他如何创造这样辉煌的战果时,伍登回答说:"我和我的球员,每天都会经历一个自我暗示的过程,而且 12 年来从不间断。"

"什么叫自我暗示?"人们好奇地问。

伍登说:"每天晚上睡觉之前,我都会对自己说'我今天表现得最好,明天也会如此,后天也是,永远都是!'"

人们惊讶地问:"只是这样而已吗?"

伍登接着用斩钉截铁的口吻,对着他们说:"让每一天成为你的最佳杰作,这就是最有效的成功方法。"

伍登运用自我暗示的方法,每天不断地激发自己的潜能,这也正是许多心理专家一再强调的"潜意识"。"每一天"都是伍登的最佳杰作,因为在每一天的开始,潜意识便会释放出"我今天一定会表现得非常好"的能量,让伍登能够乐观而自信地经营每一个"今天"。

212

乐观与积极是自我暗示最重要的导引,只要相信自己,就没有什

选择生活中的乐趣

么事是不可能的：只要相信自己，就能够充满勇气地把双脚跨出去，机会随时都将现身迎接。从今天开始，学习伍登在每天睡前的激励法，告诉自己："我今天表现得最好，明天也会如此，后天也是，永远都是！"只有乐观与积极的自我暗示引导自己，才能摆脱一切恐惧，才能战胜自己，走向成功。

用乐观的情绪支配自己的人生

如果我们曾细心观察过周围的成功人士，我们会发现，他们中大多数人都拥有乐观的秉性，而那些怨天尤人，吹毛求疵的人通常容易陷入平庸无为的沮丧境地。

这并非巧合，在乐观与成功之间，仿佛有自然而然的因果关系存在。

我们相信，乐观对我们事业的成功举足轻重，通常，有志于自主创业的人们在事业之初，往往面临否定、疑惑等消极信息，而唯有积极的态度，才能开启事业之门，并使之始终充满活力。乐观能促使我们排除疑惑，更加自信；乐观能使我们设定目标，全情投入；乐观能使我们坚持到底，收获丰盛。

诚然，这世界并不总是向我们展示它乐观的一面，也并不是所有人都在积极的环境中成长，我们可能不是天生乐观，但我们可以学习选择乐观。放弃生活中消极的一面，把握生活中积极的一面，当一切尘埃落定，我们会发现，生活中阳光总是多过风雨。不妨现在就行动，把乐观融入我们自己的人生哲学和生活方式中。

一代球王贝利 1940 年 10 月 12 日出生在巴西的特雷斯科拉索内斯镇的一个贫寒家庭，小时只能赤脚踢球。13 岁时，开始代表当地的包鲁俱乐部少年队踢球，使该队连续三年获包鲁市冠军。这位天才少年引起人们注目，1956 年，著名的桑托斯队邀其入队，头一年，就攻入

32个球,成为该队最年轻的射手。

1957年,未满17岁的贝利首次入选国家队,并首次参加世界杯赛,他以惊人的技巧驰骋赛场,使足坛惊呼:巴西出现了一位神童! 在这位神童的激励下,巴西队愈战愈勇,一一击溃强劲对手,第一次为祖国捧回了世界杯。此后,在贝利统领下,巴西队又夺得1962年第七届和1970年第九届世界杯赛冠军,贝利本人也成为至今世界上唯一一位夺得过三届世界杯冠军的球员。

贝利是现代足球运动中最出类拔萃的人物,他功勋卓著,成就非凡,一直成为后人追寻的榜样,在其长达22年的职业足球生涯中,共参赛1364场,射入1282球,他赢得过世界杯冠军、洲际俱乐部杯赛冠军、南美解放者标赛冠军,几乎赢得了国际足坛上一切成就,被人们誉为"一代球王"。

1977年10月10日,美国宇宙队为球王举行了盛大告别赛,赛后,贝利在队友和观众的欢呼声中挥泪离场,结束了非凡的绿茵生涯。

他初到巴西最有名气的桑托斯足球队时,害怕那些大球星瞧不起自己,竟紧张得一夜未眠,他本是球场上的佼佼者,但却无端地怀疑自己,恐惧他人。后来他设法在球场上忘掉自我,专注踢球,保持一种泰然自若的心态,从此便以锐不可当之势进了一千多个球。球王贝利战胜自卑的过程告诉我们:不要怀疑自己、贬低自己,只要勇往直前,付诸行动,就一定能走向成功。久而久之,就会从紧张、恐惧、自卑当中解脱出来。因此,不甘自卑,发愤图强,积极补偿,是医治自卑的良药。

乐观是人们对事业和前途充满信心的一种精神面貌,是成功者应有的品质。乐观来自何处? 乐观来自对生活强烈的爱。乐观并不是回避困难,乐观是笑对人生的体验。乐观的基础是对人生有美好追求。乐观的大敌是谁呢? 是悲观。

一位著名的政治家曾经说过:"要想征服世界,首先要征服自己的悲观。"在人生中,悲观的情绪笼罩着生命中的各个阶段。战胜悲观的情绪,用开朗、乐观的情绪支配自己的生命,你就会发现生活有趣得多。悲观是一个幽灵,能征服自己的悲观情绪,便能征服世界上的一

选择生活中的乐趣

切困难之事。人生中悲观的情绪不可能没有,要紧的是击败它、征服它。人生在世不如意事十之八九,这是一种客观规律,不以人的意志为转移。倘若把不如意的事情看成是自己构想的一篇小说或是一场戏剧,自己就是那部作品中的一个主角,心情就会变好许多。一味地沉入不如意的忧愁中,只能使不如意变得更不如意。"去留无意,闲看庭前花开花落;宠辱不惊,漫随天际云卷云舒。"既然悲观于事无补,那我们何不用乐观的态度来对待人生,守住乐观的心境呢?

用乐观的态度对待人生,可看到"青草池边处处花","百鸟枝头唱春山",用悲观的态度对待人生,举目只是"黄梅时节家家雨",低眉即听"风过芭蕉雨滴残"。譬如打开窗户看夜空,有的人看到的是星光璀璨,夜空明媚;有的人看到的是黑暗一片。一个心态正常的人可在茫茫的夜空中读出星光的灿烂,增强自己对生活的自信;一个心态不正常的人让黑暗埋葬了自己只会越葬越深。

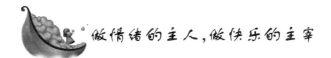

做情绪的主人,做快乐的主宰

许多人都懂得要做情绪的主人这个道理,但遇到具体问题就总是知难而退:"控制情绪实在是太难了。"言下之意就是:"我是无法控制情绪的。"别小看这些自我否定的话,这是一种严重的不良暗示,它真的可以毁灭你的意志,使你丧失战胜自我的决心。还有的人习惯于抱怨生活:"没有人比我更倒霉了,生活对我太不公平。"抱怨声中他得到了片刻的安慰和解脱,"这个问题怪生活而不怪我。"结果却因小失大,让自己无形中忽略了主宰生活的职责。所以要改变一下对身处逆境的态度,用开放性的语气对自己坚定地说:"我一定能走出情绪的低谷,现在就让我来试一试!"这样你的自主性就会被启动,沿着它走下去就是一番崭新的天地,你会成为自己情绪的主人。

输入自我控制的意识是开始驾驭自己的关键一步。曾经有个初中

215

生;不会控制自己的情绪,常常和同学争吵,老师批评他没有涵养,他还不服气,甚至和老师争执,老师没有动怒而是拿出相关书籍逐字逐句解释给他听,并列举了身边大量的例子,他嘴上没说却早已心悦诚服。从此他有了自我控制的意识,经常提醒自己,主动调整情绪,自觉注意自己的言行。就在这种潜移默化中他拥有了健康而成熟的情绪状态。

其实调整控制情绪并没有你想象的那么难,只要掌握一些正确的方法,就可以很好地驾驭自己。在众多调整情绪的方法中,你可以先学一下"情绪转移法",即暂时避开不良刺激,把注意力、精力和兴趣投入到另一项活动中去,以减轻不良情绪对自己的冲击。一个高考落榜的女孩,看到同学接到录取通知书时深感失落,但她没有让自己沉浸在这种不良情绪中,而是幽默地告别好友:"我要去避难了。"然后出门旅游去了。风景如画的大自然深深地吸引了她,辽阔的海洋荡去了她心中的积郁,情绪平稳了,心胸开阔了,她又以良好的心态走进生活,面对现实。

可以转移情绪的活动很多,你最好还是根据自己的兴趣爱好以及外界事物对你的吸引力来选择,如各种文体活动、与亲朋好友倾谈、阅读书籍、练习琴棋书画等。总之将情绪转移到这些事情上来,尽量避免不良情绪的强烈撞击,减少心理创伤,会有利于情绪的及时稳定。

情绪的转移关键是要主动及时。不要让自己在消极情绪中沉溺太久,立刻行动起来,你会发现自己完全可以战胜情绪,也唯有你可以担此重任。

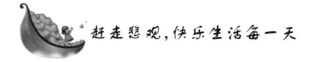

赶走悲观,快乐生活每一天

上苍如果对我们关上了一扇门,它会给我们打开另外一扇门,至

少还可以为我们留一个窗户。

在这个世界上,两种不同的人造就了两种不同的态度。悲观的

人,决定了消极的态度。乐观的人,则决定了积极的态度。面对生活,悲观的人总是看到失望,甚至是绝望;相反,乐观的人却总是在失望中找到最后的一线希望。下面这个故事可以帮助我们更加明晰悲观和乐观的意义。

一位父亲欲对孪生兄弟做"性格改造"。一天,他买了许多色泽鲜艳的玩具给一个孩子,又把另一个孩子送进了一间堆满马粪的车库里。

第二天清晨,父亲看到得到玩具的孩子正泣不成声,便问:"为什么不玩那些新玩具呢?"

"玩了就会坏的。"孩子仍在哭泣。

父亲叹了口气,走进车库,却发现那个被关在屋里的孩子正兴高采烈地在马粪里掏东西。"告诉你,爸爸,"那孩子得意洋洋地向父亲宣称,"我想马粪堆里一定还藏着一匹小马呢!"

事实上,人所处的环境和自身的遭遇无所谓好坏,问题的关键在于我们如何去想。悲观的人和乐观的人的差别恰恰在于对待事情不同的看法上。假如在我们如饥似渴的时候,看到了半杯水,那么我们是选择为自己拥有半杯水而庆幸呢,还是不停地抱怨,怎么不是一杯或一桶水呢?

一位心理学家曾经做过一个试验,他让一批学生打电话给陌生人,让他们为某赈灾机构捐款。当他们打了一两次电话而毫无结果的时候,悲观的学生说:"我干不了这事。"乐观学生则说:"我要换个法儿去试试。"这位心理学家认为:如果感到失望,那他就不会去掌握获得成功所必需的技能。

乐观者之所以成功是因为当事情一旦出差错时,他们总是尽力寻找出差错的原因,及时补救。在他们看来,成功应归功于自己的努力。而悲观者则是一味地抱怨、责备自己,为什么会出差错,他们把自己的成功视为一种侥幸。悲观是事业成功道路上的有害细菌,它会不断地繁殖扩散,把人的心灵笼罩在阴影之下,使人失去了进取的动力。而乐观则如同明朗天空中的阳光,给人以无穷无尽的斗志和勇气。

217

因此，一定要做一个乐观的人，不要让悲观占据我们的心灵。

当我们偶尔对人生失望，对自己过分关心的时候，我们也会沮丧，也会悄悄地怨几句老天爷，可是一想起自己已经有的一切，便马上纠正自己的心情，不再怨叹，高高兴兴地活下去。不但如此，我们也应该把快乐当成一种传染病，每天将它"传染"给我们所接触的社会和人群。

第十一章　享受生活：选择生活中的乐趣

　　因为绳子的牵绊，风筝再怎么飞也飞不上万里高空，骏马再怎么善于奔跑也不能日行千里……只有剪断束缚自己的那根"绳索"，学会有忙有闲，一张一弛，才能让自己获得自由和快乐。

放慢生活的脚步，放飞自己的心灵

作为繁忙的都市青年，你有多久没有躺卧在草地上，凝望苍穹，望天空云卷云舒，看夜空繁星闪烁了？你有多久没有亲近大地，观草木荣衰了？你有多久没有陪家人朋友共享一顿丰盛的烛光晚餐了？很久了吧，对不对？

现代人太忙了，忙碌烦躁，是多数人生活的写照。每天总是忙、忙、忙，越忙碌，就越觉得生活茫然。不知为何要这么忙，却又是忙、忙、忙。

于是，盲目、忙碌、茫然，成天游来荡去，累了、烦了，却还是摆脱不了。

忙碌仿佛成了一种惯性，而一旦脱离了这种惯性，整个人又似没有了魂的幽灵，整天晃来荡去不知所措。偶尔工作的余暇有片刻的松懈，又仿佛是偷来的快乐，不敢受用。

商界一个名人在接受采访时说道："我每天工作超过 18 个小时！常常是连吃饭的时间都在工作！"

而此人得到的结果竟是吃几场官司，坐了一次牢狱，并最终于 47 岁英年早逝。

虽然累积了几亿财富，但在世时他得到的似乎仅仅是忙碌和烦躁而已。

忙碌已非一种状况，而成了一种习惯。没有人喜欢忙碌，但不忙碌又害怕自己会落伍，会被社会所淘汰。

对于大多数人来说，淘汰的危机与发展的危机并存，因此许多人都处在不穷也不富的尴尬阶段，放弃工作便一穷二白，停下脚步便身心皆空。

于是，只能马不停蹄地向前奔，只能用透支的身体作为生命中唯一的本钱,为"希望中的未来"而辛苦奔波。

没见过一个发条永远上得十足的表会走得长久;没见过一个马力经常加到极限的车会用得长久;没见过一个绷得过紧的琴弦不易断;也没见过一个心情日夜紧张的人不易得病。

人们在尘世的喧嚣中日复一日地进行着各自的奔波劳碌,像蜜蜂般振动着生活的羽翅,难免会有种种不安。所以,我们何不放慢脚步,静下心来想想,每分每秒的忙碌,除了累坏了身体,增加了脸上的皱纹外,我们又得到了什么? 细细品味其中的甘苦,只要我们平静地对待忙碌,适时放慢生活的脚步,轻松地放飞自己的心灵,用透明的情绪观察周围的一切,就会发现,其实,生活中除了工作之外,还有很多美好的东西在向我们招手。

花开花谢总要有个生命的周期,花开时尽情美丽,不开花时默默孕育。奔波劳苦中记着放慢脚步,低头欣赏一下路边的花草,抬头看一下远处的风景,细心体会一下生活的乐趣,会让你走得更好,更远。

拥有闲适与恬淡,就拥有快乐与舒曼

你是不是常常为了生存而四处奔波? 你是不是因为竞争残酷而备受煎熬? 你是不是因为前途渺茫而心烦意乱? 朋友,不妨静下来,耐心地坐一会儿,放松一下心情,调节一下情绪,进入全新的工作或学习的状态。

闲适,是指心灵的宁静和情绪的平静。恬淡,指的是处乱不惊的沉着和遇事冷静的平和。拥有了闲适与恬淡,你就拥有了快乐与舒曼。

如果在现今繁杂沉重的社会重压下想更好地生活,心绪必须时时平和恬淡、安宁悠闲。这种恬淡与闲适不是老庄的"无为",不是脱离现实世界,也不是消极避世,而是自我创建一片心灵的乐土,适时的自

我调解和自我放松。

寻三五志同道合者，利用双休或节假日，跋山涉水，融入大自然，宠辱皆忘，物我合一，其乐陶陶。密树幽林，崎岖险径，清溪静泉，飞瀑流涧，几声鸟鸣，几声猿啸，几只野兔悠然奔跑，几头小鹿追逐嬉戏，七八伐木护林工人辛勤工作，四五牧童牛背笛箫……得遇此境，置身自然，将灵魂尽皆托付与她，大自然用母亲般的胸怀接纳我们，于是乎心灵中的污垢随微风的吹拂而游移，随溪泉的流淌而过滤，留下深情，任你神思品味，哪里还有烦恼可言？

与琴棋书画为伍也是追求闲适的好方法，喜好音乐者，可随手弹吟哼唱，大自然的各种声音便在琴瑟笛箫中悠悠流动。

喜好下棋者，找一两个棋友，对弈厮杀，围魏救赵、釜底抽薪、海底捞月、丢车保帅，仿佛置身沙场的大将，又如运筹帷幄的军师，整盘棋局尽在掌握之中。

爱好读书，则时时与先贤古人会话，与其同荣共辱，或拍案而怒，义愤填膺，或摇首叹息、痛断肝肠。

得古人之恩，学今人之道，古今中外的人物尽现唇齿之间。

爱好艺术的人，可体味王羲之洗砚、吴道子作画，可欣赏达·芬奇的《蒙娜丽莎》，自我愉悦，自得其乐。

现在，闲暇时可以上上网，打开聊天工具，即可以和老朋友打场招呼，也可以找几个陌生人随便神吹胡侃一通。也可以下载几首爱听的歌曲，边欣赏边看网络文学；也可以看看网上电影，也可以玩一会网络游戏。当然，要适可而止，不要过度。

只要自己喜欢，同样可以获得闲适的心情，拥有闲情雅致。

"白日放歌须纵酒，青春作伴好还乡。"除网吧外，各种其他的吧也是放松身心的好去处。

"万里长江横渡，极目楚天舒……今日得宽余。"当然，有意识地参加户外活动和体育锻炼也是很好的休闲方式。

生活是被快乐包裹着的

爸爸问女儿："你快乐吗?"女儿答："快乐。"

爸爸让女儿试着举例,女儿说:"比如现在呀。"当时晚饭后,他陪女儿一起登上楼顶,仰卧观天上的星星。

这只是一件平常的小事,我们差不多每个人小时候都有类似的经历,都有这样的无数快乐时刻。

爸爸让女儿再举例,女儿说比如妈妈爱用茶叶水洗枕头,每每睡觉时都有淡淡的茶叶香味。还有妈妈在刚刷完油漆的屋子里放些菠萝,风儿一吹整个屋子就充满了芳香的菠萝味了。

这些本是生活中极其平常的小事,谁也无心去在意这些,可我们却难得有这样的快乐体味,只能到遥远的童年去寻找这样的感动。

品味生活要多想些美好之处。因为生活毕竟不是只有鲜花,时时充满阳光。

我们要想成功地走出郁闷和哀愁,就要多思考生活中美好的一面,从中品味快乐。比如下班了,妻子做好可口的饭菜,这就是一种快乐,不要因为她时常埋怨而自悔自恼,也不要因为她的心胸褊狭而自怨自艾。

再如,生病了,同事都拿着礼物来看望你,应该感到他们对你的关心,而不能过多考虑他们是否怀有其他目的。

一滴水珠可以照见太阳的光辉。品味生活的快乐是从小处着眼,不要因为事情小而忽略了别人对你的关爱。

你上班迟到了,同事帮你打扫了地板,擦干净了桌子;下雨了,有人将伞伸到你上面的领空与你共享;当你向朋友借钱,哪怕发生屠格涅夫《兄弟》中的"我"遇乞丐的情景也无所谓。

所有这些都是生活的一部分,都值得我们深深地怀恋,让我们

第十一章 享受生活:选择生活中的乐趣

223

感动。

　　收获与付出往往成正比。我们在品味别人给我们带来的便利时也要想到去给予。同时，给予别人快乐也是一种快乐。给予快乐，你就会收获快乐，因为你为自己创造了快乐。

　　生活是被快乐包裹着的，只要我们用心去品味，我们就会时时感受到快乐。

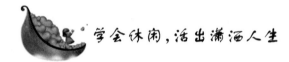

　　生活在都市里的人们，来自各方面的压力越来越大，相应的假期也越来越长，要学会利用长假去放松自己，去消除一身的疲劳，恢复体力和精神，以应对上班以后新一轮的工作压力。

　　心理学家说，摆脱眼前的一切，挣脱例行公事的羁绊，能使你远离旧有的困境，带给你新的希望，让你的心理产生正面的前瞻，甚至让熄灭的热情重新点燃，也会让你对自己的认识更深一层。于是，等你返家的时候，你会变得更快乐、更健康一些，应付压力时也更有效率一些。

　　美国心理学家希柯斯博士说："你去度假的时候，就逃离了日常生活的单调性，把烦恼抛在脑后。即使你所做的，只是坐在河边，看着溪水流动而已，但这却是一种极为可贵的步调变化，能让你重新充电。于是，等你回去的时候便会觉得精神更为饱满，有活力。"

　　有的人认为，休闲不就是去玩吗？那没有什么可学的。

　　其实不然，王阳明曾经说过："世事洞明皆学问。"

　　休闲也有学问，要想玩出个花样来，玩出个痛快来，就得去学。

　　先说休闲方式吧，现在的休闲方式五花八门，你应该耐心思考一下，自己适合哪一种，如果你是个急性子，偏去钓鱼，那岂不是自找没趣？在都市人的休闲活动中，有以下几项休闲活动最受到青睐。

　　钓鱼是一项培养个人耐性的休闲活动。普通的装备很简单，一根钓竿、一些鱼饵和一个水桶就可以出发了。但真要是老钓客对装备要求就高了。

　　学画自古就是修身养性的绝佳方式，是一种既高雅又怡情养性的活动。

　　当今工作学习生活节奏紧张的条件下，抽出一点时间来学画写字也是一种很好的休闲活动，对心灵无疑是一种清涤。

　　跳舞可以陶冶性情、愉悦身心，而且也比较容易学习，适合中老年人。跳舞除了可以增强心肺功能外，还有助于健美减肥。

　　登山对于年轻人来讲，无疑是既理想又时尚的运动，既放松压力，又可以锻炼一个人的意志和体魄。

　　当然，现在的老年人体格越来越棒，也有许多登山爱好者。

　　登山时，不仅山光水色令人大饱眼福，而且清新的空气可以涤荡都市浊气，实在是妙不可言。

　　网球运动是深受人们喜爱而极富乐趣的一项体育活动。它既是一种消遣，一种增进健康的方式，也是一种艺术追求和享受，当然它还是一种扣人心弦的竞赛项目。

　　打网球，文明，高雅，动作优美，每打出一次好球，都会使人感觉兴奋异常，愉快无比。

　　打高尔夫球也逐渐受到都市人的青睐，但由于消费过于高昂，一般的人是玩不起的，被人们称为贵族运动。

　　到农村去度假也很受欢迎。这项活动不仅轻松愉悦，而且经济便宜，一般人都能承受得起，在空气污染严重、生活节奏紧张的都市待久了，不妨到乡村去体验一下。

　　会休闲的人其实往往都是很出色的人，不仅仅是工作上，更重要的是他们的生活愉快度和幸福感会更出色，因此，心累了，我们为什么不学会休闲呢？

第十一章　享受生活：选择生活中的乐趣

225

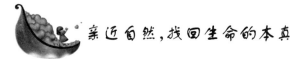

亲近自然，找回生命的本真

找回生命的本真，唯一的出路就是亲近自然。

即使白天赚到全世界，但在你心里，是否有个声音一直在呼唤：抛开无休止的工作，远离令人窒息的都市，让渴望自然的心静下来！小桥流水、一池荷塘、大片竹林、庭院花草……生活开始进入另一种淡泊间的平静境界——当世界浮躁的时候，唯有心平气和者方能制胜！

人们为什么如此热爱旅游，尤其喜欢到名山大川，到大自然中去，道理其实很简单，那就是去寻找生命的真谛。

我们应该将亲近自然确定为精神追求中的重要一部分，不妨每天出去散步，这样一方面可以呼吸新鲜空气，锻炼身体；另一方面可以让你的内心感受阳光、蓝天、大地、世间万物的美丽。

在这个世界上我们常常聆听。譬如在大自然中我们寻觅那"明月松间照，清泉石上流"的韵致，寻觅那"蝉噪林愈静，鸟鸣山更幽"的空灵，寻觅那"红树醉秋色，碧溪弹夜弦"的意境。聆听轻风喁喁低语，聆听松涛娓娓吟唱，聆听蛐蛐细细鸣叫，聆听山林中鸟儿欢啼。

亲近自然会使你胸中的块垒随溪水逝去，工作的疲惫被溪水洗去，心灵的尘垢随溪水流去，身心如沐，愉悦清朗，潇洒通透。

当你面登临高山、对视大河，面对大自然的美景时，才会顿悟，返璞归真才是自己真正的追求目标，生命中许多追求并非真的有必要，也不是自己真正想要的东西。

大自然是一本无字的书，深入到自然中，游山玩水，看幽谷清泉、奇石怪草、或醉卧草地，或赋诗山间，其中有不尽的乐趣，能让人忘记生活中的种种争斗与心机。

226 在忙碌的生活中，适时在游山玩水中放逐自己，给心灵一个反思、放松的机会，该是多么美好啊！

生活中不顺之事十之八九,此时不妨去登山,或是河边坐一坐。置身大山中,走在绿树成荫的山间小路上,望着那大自然造就的奇石怪状,听着叮咚的泉水声,以及那清脆的鸟鸣声,让人感到如同置身世外桃源,心中的种种不快,也随着那缭绕的云雾慢慢散去。迈步海滨,一望无垠的大海,波涛汹涌海面,让人顿生几分豪气。通过旅游,既可以领略祖国的秀美山川,又可以遍访历史的足迹,缅怀古人,从而既放松了心情,又让自己的心灵受到洗礼。

大自然的魅力在于它巨大的生命力。越是原始的地方,我们越是感觉到生命力的强大。

大自然的神奇,可以让人真切体会到生命的渺小和珍贵;大自然的美丽,可以让人体会到人生的美好。

所以,生活中当你感到烦闷时,不妨背起行囊,一个人独自去游山玩水,到大自然中放逐自己。

经过长时间的紧张工作,我们在旅游中变换兴奋点,放松,释放疲劳,从而,能够以旺盛的精力重新投入工作。

给自己一段假期,放松自己于山水中。

让山水的灵性,涤尽自己工作上、情绪上、思想上的烦累!

置身大自然,迈步山水间,任我心自由自在地驰骋,让人在物我两忘的意境中,将天地万物置于空灵之中。这是何等的快意、何等无拘无束的心境啊!

罗素曾经说过:"我们的生命是大地生命的一部分,就像所有动植物一样,我们也从大地上吸取营养。"

当你走进大自然,投入它那宽广的胸怀时,大自然的一草一木似乎都有灵性,都会抚慰你受伤的心灵。

望着山中那历经沧桑的松柏,以及那经历了千百年风吹雨打的岩石,你会重新豪情万丈,平添了许多与困难作斗争的勇气。

快乐的生活需要用心去发现,到游山玩水中放逐自己吧,放逐那束缚已久的心灵,让大自然洗涤心中的不快。换一种环境,大自然奉献给你的将是一片灿烂和希望。

227

 在优美动听的节奏中生活

音乐是一种听觉艺术,是一种人类共有的语言。它来源于生活,为我们的情感服务。

科学研究证明:听适合的音乐,可以优化人的性格,平稳人的情绪,提高人的修养品位,甚至有养生保健、延年益寿的神奇功效。

医学专家通过大量的研究证明,人类需要通过音乐来抒发自己的感情,并从中受益。音乐可以调节人体大脑皮层的生理机能。提高体内生物的活性,调节血液循环和活化神经细胞。另外,音乐会使人体的胃蠕动更有规律,能够促进机体新陈代谢,增强抗病能力。

在医学上有一个著名的"莫扎特效应":当你听一曲莫扎特之后,你的大脑活力将会增强,思维更敏捷,运动更有效,它甚至可缓解癫痫病人等患神经障碍的病人的病情。

六年前,研究者证明,在情商测试中,听莫扎特的受试者得分比其他人更高。

1975 年,美国音乐界的知名人士凯金太尔夫人因乳腺癌缠身,身体状况每况愈下,濒临死亡的边缘。这时候,金太尔夫人的父亲不顾年迈体弱,天天坚持用钢琴为爱女弹奏乐曲。

或许是充满爱心的旋律感动了上苍,两年之后奇迹出现了,金太尔夫人胜利地战胜了乳腺癌。

重新康复后,她热情似火地投身于音乐疗法的活动,出任美国某癌症治疗中心音乐治疗队主任。金太尔夫人弹奏吉他,自谱、自奏、自唱,引吭高歌,帮助癌症病人振奋精神,与绝症进行顽强的拼搏。

德国科学家马泰松致力于音乐疗法几十年,在对爱好音乐的家庭进行调查后注意到,常常聆听舒缓音乐的家庭成员,大都举止文雅,性情温柔;与低沉古典音乐特别有缘的家庭成员,相互之间能够做到和睦谦让,彬彬有礼;对浪漫音乐特别钟情的家庭成员,性格表现为思想活跃,热情开朗。

他由此得出结论说:"旋律具有主要的意义,并且是音乐完美的最高峰。音乐之所以能给人以艺术的享受,并有益于健康,正是因为音乐有动人的旋律。"

音乐是起源于自然界中的声音,人与自然息息相关,所以音乐对人的精神、脏腑必然会产生相应的影响。

音乐主要是通过乐曲本身的节奏、旋律,其次是速度、音量、音调等的不同而产生疗效的各异。在进行音乐治疗时,应根据病情诊断,在辩证配曲的原则下,选择适当的乐曲组成音疗处方。

烦恼时听听音乐,能重新燃起生活的热情,唤起人们对美好生活的回忆和憧憬,使人心理趋于平静,心绪得到改善,精神受到陶冶。

圣人孔子就非常爱听音乐,他自称是"余音绕梁,三月不知肉味"。

既然音乐有这么多用处,不妨在工作之余,茶余饭后,戴上耳机,听一曲柔美舒缓的音乐,让身心在优美动听的节奏中彻底放松。

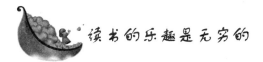

读书的乐趣是无穷的

美国前总统罗斯福的夫人曾说:"我们必须让我们的青年人养成一种阅读好书的习惯,这种习惯是一种宝物,值得双手捧着,看着它,别把它丢掉。"

读书的乐趣是无穷的。有的人读地理名胜,可以遨游天下;有的人读历史典故,可以和古人接心神交。有的人爱好文学,春花秋月,情境义理,妙味无穷;有的人喜欢理工,一个细胞,一粒分子,他也可以从中找出另外的一番天地。

书中所表达的思想、智能、感情、经验,可能是别人毕生的体验,而我们在短短的时间内不劳而获,岂不是无限的快乐吗?如果不肯读

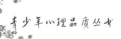

书;无疑放弃了世界上最可贵的财富。

一个人如果不经常读书,吸收新知识,好比存在银行的存款,只有支出,没有收入,势必收支不平衡,将会形成严重的亏空状态,等到资本耗尽,人生也就停摆了。

很多名人都谈到过读书的乐趣,其中以欧阳修的读书三乐——马上、厕上、枕上最为著名。

欧阳修的读书法的确是人生至乐之境,这也说明读书是很简单的事情。只要有兴趣什么时候都可以读,而没有必要非要求得一个好的环境——读书是个人的兴趣所至,一个不爱读书的人,给他任何好的条件也没用;而喜欢读书的人,在什么地方都可以随手翻开书来阅读。

爱好读书的兴趣不是天生的,阅读的习惯也不是一成不变的,它会受到传统、时局、教育、职业、兴趣或其他原因的影响。

所以爱书之人总是一次次地沉溺在不同的领域,并把各种互不相关的知识糅合到自己的思想当中——你用自己的方式去理解知识,知识却在悄悄改变你的方式。

阅读好书就像跟历代名贤圣哲促膝长谈,他们高尚的节操会对我们产生潜移默化的影响,所以大量阅读是完善自我的必由之路。或许偶尔读到的一本书,会使你顿悟某个伟大的道理,从此思想产生质的飞跃。

也或许另一本书,把你带入一个全新的领域,从此你明确了奋斗的目标,最终也走向了辉煌。林肯少年时,就因为偶然一次阅读了华盛顿和亨利·克雷的传记,从此立下宏伟的志向,最后成为了"美国历史上最受人尊敬的总统"。

一个好读者能够感觉到读书时妙不可言的乐趣。因而他喜欢读书,最终即使不能成为伟大的人,也能成为博学的人。

我们都有这类体验,人逢喜事精神爽,做起事来有力量。学习也是如此,乐趣对学习活动起着驾驭作用。

愉快的心境对人的生活、工作和学习有很大的影响,良好的心境,有助于主动精神和积极性的发挥,从而提高工作和学习的效率。反之,不良的心境则会影响身心健康,妨碍工作和学习顺利开展。

选择生活中的乐趣

 ## 莫让压力影响快乐生活

当今社会,生活节奏不断加快,"时间"似乎对每个人都不再留情面。于是,超负荷的工作给人造成不可避免的疾患。

因为人们的生活起居没了规律,所以患职业病、情绪不稳、心理失衡甚至猝死等一系列情况时有发生,给人们生活、工作及心理上造成无形的压力。

小义在一家知名外企工作,现在他怀疑自己得了健忘症。和客户约好了见面时间,可搁下电话就搞不清是 10 点还是 10 点半。说好一上班就给客户发传真,可一进办公室忙别的事就忘了,直到对方打电话来催……小义感觉自从半年前进入公司后,陀螺一样天旋地转地忙碌,让他越来越难以招架,快撑不住了。

"那种繁忙和压力是原先无法想象的,每人都有各自的工作,没有谁可以帮你。我现在已经没什么下班、上班的概念了,常常加班到晚上 10 点,把自己搞得很累。有时想休假,可假期结束后还有那么多的活,而且因为休假,手头的工作会更多。"他无奈地向朋友诉苦。

其实,在实际工作当中,类似于小义这种情况时常发生,尤其是在外企拿高薪的工作人员。

据有关统计,在美国,有一半成年人的死因与压力有关;企业每年因压力遭受的损失达 1500 亿美元——员工缺勤及工作心不在焉而导致的效率低下。

在挪威,每年用于职业病治疗的费用达国民生产总值的 10%。

在英国,每年由于压力造成 1.8 亿个劳动日的损失,企业中 6% 的缺勤是由与压力相关的不适引起的。

压力是不可避免的,因此我们应该学会缓解压力,以下建议仅供参考:

231

首先，要知道自己的目标。只要目标明确了，在行动上就不要发生动摇。人是需要精神支柱的，这个支柱是自己给自己树立的。有了这个心理上的强大动力，任何压力带来的疲惫和痛苦都是微不足道的。

其次，要会衡量自己的能力。知道自己的斤两，知道自己需要什么，能做到什么。无望的追求是空谈，每个人的理想都应该是脚踏实地的，就像吃惯了素菜的人非要去享受牛排，那油汪汪的东西固然很诱人，但真吃到自己肚里，半生不熟的还消化不了。

再次，要仔细分辨自己的欲望是不是合理的。这个世界是有道德标准和行为准则的，随意突破规范是要承担后果的。假如你的欲望是不善良的，是会给自己带来痛苦或给别人带来伤害的，就应该果断摒弃，消灭于无形。

最后，缓解压力要讲究方式方法，要给自己一个健康、美好的心态。

世界美丽纷繁，充满了阳光和温情。

要懂得去欣赏她、接纳她、追求她。一时的痛苦是过眼云烟，长久的快乐是成熟心态应得到的回报。

不要迷失方向，不要为情所困，不要妄自菲薄，不要贪得无厌，好好把握自己手中的幸福，每一分钟都会成为你自己的宝藏。

刘墉先生对人生的解释是："面对人生的起起落落，人生的恩恩怨怨，却能冷冷静静一一化解，有一天终于顿悟，这就是人生。"

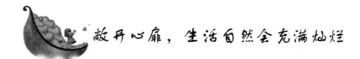

敞开心扉，生活自然会充满灿烂

面对困难时，人一般有两种反应：一种是很在乎，一种是不在乎。

心理素质好的人不会把倒霉当作什么事儿，可心理素质稍微差一些的人就不同了。他们认为上天不公，于是怨天尤人，甚至心怀怨恨，于是以前一个热情的人也会变得冷漠，以前一个善良慈爱的人也会开始生恨。

于是在陌生人问路时，他不会动动嘴，而是不理不睬或者故意指错方向；马路上有人丢了东西，他看在眼里，绝不会喊他一下；散步时踩到一块石子，不是踢到路边去，而是踢到路中间；单位来了新同事，没有给他一个微笑，而是冷眼欺生；有人遇到倒霉事，他更加不会安慰几句，而是站在一旁幸灾乐祸；有人做了好事，他也不满，全是一股嫉妒之心等。

倒霉之后，是保持正常的心态，还是带着恶意去生活，其实是一种态度的选择，而且是一种很重要的选择，每个人都绕不过去的。选择善意的人心情是明朗、愉快、坦荡、温馨的；选择恶意的人，心境常常是阴暗、烦躁、猥琐的。这种善说不上大善，这种恶说不上大恶。但日积月累着善意和恶意，却会使人发生质的分化。

向善会使人升华为高尚，向恶会使人堕落为卑劣。向善的人会生活平静，一步步走向成功；向恶的人会事事觉得不顺，一步步走向失意。

比如生活中，国人最讨厌也最常见的"长舌妇"或者"长舌男"，几乎每个单位都会有。仔细观察一下，我们会惊讶地发现，这些人几乎无一例外都是些生活中的失意者。

一个家庭幸福、工作顺利的人，一般不会做这种事。

这类人不做正经事或者做不了正经事，就无事生非，平日连看人的眼神都不对，鬼鬼祟祟、伸头探脑，打探人的隐私，散布一些流言，今天捣鼓张三，明天捣鼓李四，人见人怕，还自以为得意。但如果把精力放在这上头，就说明他或她的日子已经不妙了。

一个在生活中被人讨厌的人，肯定是一个被孤立的人，在别人心里又是最没有分量的人，当然会被人轻视。被人轻视又会造成他或她更大的失落和不如意。如此恶性循环，终至变态扭曲，狂躁不安，把自己弄得灰头土脸。

233

这种人既不会有家庭幸福，也不可能享受到同事、朋友间的友谊，事业也难有所成。

向善，多一点生活的善意，是一种生活的选择，也是一种人生的境界。我们日积月累的是阳光，生活自然会充满灿烂。

人生如浩瀚神秘的大海，时而风平浪静，一碧万顷；时而狂飙怒号，浊浪裂岸。

人生如变幻莫测的天空，瞬息阳光挥洒，白云悠扬，彩虹飞架；瞬息乌云密布，电闪雷鸣，风狂雨暴。

人生如一支优美动听的乐曲，一段高昂激荡，震天动地，促人警醒；一段浑厚低沉，婉转回肠，催人泪下。

人生如四季，春天鸟语花香，生机勃勃；夏天水清叶绿，骄阳似火；秋天金黄灿烂，馨香浓郁；冬天银装素裹，深沉睿智。

人生有喜有悲、有聚有散、有乐有苦、有得有失、有沉有浮、有爱有恨、有生有死。

为人夫者有丈夫的甜蜜和苦衷，为人妻者有妻子的幸福和辛酸，做父母的有父母的自慰和艰辛，做儿女的有儿女的骄傲和屈懑。

从政者有官场上的得意和危机，经商者有商海的亨运和风险，农耕者有田园的安逸和艰难，治学者有纸墨的雅趣和清贫。

人生得意时，不可欣喜若狂，目空一切；人生失意时，切忌长吁短叹，自暴自弃。人生得意时，要珍惜生活，清醒头脑，不管别人阿谀奉承还是献媚恭维；人生失意时，要热爱生活，振作精神，不管别人指手画脚还是热讽冷嘲。

也许一个梦难圆，一个理想未能实现。来一次开怀畅饮，对月长歌又何妨？

笑对人生——相信生活不会亏待每一位热爱她的人。

生命的航船难免遇到险滩恶浪，如何驾驶生命的小舟，让它迎风破浪，驶向成功的彼岸？这需要我们的勇气，不管风吹浪打，胜似闲庭信步，以百折不挠的意志去面对困难，以一种平常心去面对挫折，自信天生我才必有用，相信我们会从山重水复疑无路峰回路转至柳暗花明又一村的境地，迎接我们的必将是山巅的无限风光。

人生难免有起伏，没有经历过失败的人生不是完整的人生。没有河床的冲刷，便没有钻石的璀璨；没有地壳的底蕴，便没有金子的辉煌；没有挫折的考验，也便没有不屈的人格。正因为有挫折，才有勇士与懦夫之分，愿我们都能做不屈的斗士。

记住"天降大任于斯人也，必先苦其心志，劳其筋骨，饿其体肤，空乏其身，行拂乱其所为，所以动心忍性，增益其所不能"。

这便是磨难、逆境塑造人！人的一生，需要奋斗，唯有奋斗，才有成功！

幸运的花环，只属于那些做好了特殊准备的人。

在奋斗中寻找乐趣，与天斗，其乐无穷。当我们播撒的汗水结出丰硕的果实，我们必然会体会到成功的欣喜，从而树立自信，更加坚定地奋斗不息。

第十一章 享受生活：选择生活中的乐趣